威廉·詹姆士道德哲学文集

〔美〕威廉·詹姆士 著
林建武 译

北京理工大学出版社
BEIJING INSTITUTE OF TECHNOLOGY PRESS

版权专有　侵权必究

图书在版编目（CIP）数据

威廉·詹姆士道德哲学文集 / (美) 威廉·詹姆士著；林建武译. -- 北京：北京理工大学出版社，2021.9
ISBN 978-7-5763-0258-5

Ⅰ. ①威… Ⅱ. ①威… ②林… Ⅲ. ①威廉·詹姆士-伦理学-文集 Ⅳ. ① B82-53

中国版本图书馆 CIP 数据核字 (2021) 第 178300 号

出版发行 / 北京理工大学出版社有限责任公司
社　　址 / 北京市海淀区中关村南大街 5 号
邮　　编 / 100081
电　　话 / (010) 68914775（总编室）
(010) 82562903（教材售后服务热线）
(010) 68944723（其他图书服务热线）
网　　址 / http://www.bitpress.com.cn
经　　销 / 全国各地新华书店
印　　刷 / 三河市华骏印务包装有限公司
开　　本 / 710 毫米 ×1000 毫米　1/16
印　　张 / 11.75
字　　数 / 168 千字
版　　次 / 2021 年 9 月第 1 版　2021 年 9 月第 1 次印刷
定　　价 / 84.00 元

责任编辑 / 李慧智
文案编辑 / 李慧智
责任校对 / 周瑞红
责任印制 / 施胜娟

图书出现印装质量问题，请拨打售后服务热线，本社负责调换

导 语

王成兵[1]

威廉·詹姆士（也译为詹姆斯）（William James，1842—1910）是美国实用主义的主要代表、著名的心理学家。詹姆士在美国哲学乃至整个现代西方哲学中都有不可忽视的地位。本导语力图对詹姆士哲学的角色定位、在当代学术语境中研究詹姆士哲学的意义以及研究詹姆士哲学的路径等进行简单的介绍，希望帮助读者更准确地理解詹姆士哲学的文本，更充分地把握詹姆士哲学的学术主旨，更全面地评判詹姆士哲学的学术价值。

一、审视詹姆士哲学的角色定位

对于威廉·詹姆士，中国哲学界对他的印象远谈不上清晰、完整和具体。我们大多较笼统地把詹姆士看成美国实用主义哲学家和心理学家，所以，推进对作为哲学家的詹姆士的研究，有必要在实用主义发展史乃至整个美国哲学史语境中明确詹姆士哲学的角色定位。

（一）作为美国实用主义哲学的奠基者之一，詹姆士在实用主义哲学的产生和发展过程中扮演了一个非常关键的角色

美国实用主义哲学在19世纪70年代产生于美国哈佛大学的“形而上学俱乐部”，詹姆士是这个以进行学术活动为主要目的的松散组织的主要成员之一[2]。詹姆士对美国实用主义哲学的贡献主要有以下几点：

首先，詹姆士对实用主义哲学的主要方面做了比较准确的归纳。在

---

① 王成兵，哲学博士，山西大学哲学与社会学学院特聘教授、博士生导师，国家社科基金重大项目“《威廉·詹姆士哲学文集》翻译与研究”（17ZDA032）首席专家。

② Ralph Barton Perry. *The Thought and Character of William James* [M]. Nashville：Vanderbilt University Press，1996：129；Luis Menand：The Metaphysical Club，Farrar，Straus and Giroux，2001.

皮尔士提出实用主义基本原则之后的相当一段时间内，实用主义哲学在学术界的影响甚微。相比与自己年岁相仿的、同为“形而上学俱乐部”创立者的皮尔士，詹姆士是一位更专业的学者、更名副其实的实用主义哲学家。詹姆士把实用主义简单而通俗地概括为既是一种方法，也是关于真理是什么的发生论[①]，并为此做了详细的论证与阐释，这促使实用主义从学术上真正成型，并进而为学术界所广为了解。“到了詹姆士这儿，实用主义才真正确立了自己的主旋律。”[②]

其次，在阐释实用主义哲学的过程中，詹姆士对气质与哲学的党派关系、意识流与经验世界、真理与效用的关系等问题，都提出了在当时乃至今天仍然存在争议但影响很大的见解，这在一定程度上引起了学术界的关注。

最后，实用主义在美国的流行和发展与詹姆士的性格与才华是分不开的。詹姆士是当时美国学术界的活跃分子，他知识面宽，兴趣广泛，文字优美，擅长演说，与当时西方世界的许多知名哲学家建立了积极的学术联系，这些都非常有利于实用主义哲学的发展和传播。

（二）詹姆士属于美国哲学史上首批具有重要国际性影响的哲学家之列

詹姆士是在世时就获得了欧洲哲学界认可或关注的美国哲学家，这种情形在当时的美国哲学界并不多见。英国牛津大学哲学家 C. S. 席勒（Canning Scott Schiller）是实用主义哲学特别是詹姆士学说在英国的代言人，他同时也影响了詹姆士的哲学思想。詹姆士与席勒在 1897 年前后相识，这一年，席勒在《心灵》（*Mind*）杂志上发表了一篇为詹姆士的《信仰的意志》所写的书评。在其中，席勒对詹姆士的思想给予了热情洋溢的评价，认为詹姆士在哲学界充斥着众多陈旧偏见的令人窒息的氛围中扔进了炸弹[③]。这个书评对詹姆士鼓舞很大，他由此笃信自己已经建立了一种哲学，并且确信可以在与像席勒那样的同行的合作中创立起一种

---

① 威廉·詹姆士，《实用主义》，陈羽纶、孙瑞禾译，商务印书馆，1979 年版，第 35~36 页。

② 陈亚军，《哲学的改造》，中国社会科学出版社，1998 年版，第 16~17 页。

③ Ralph Barton Perry，*The Thought and Character of William James* [M]. Nashville：Vanderbilt University Press，1996：301.

崭新的哲学流派。

詹姆士的实用主义思想影响了同时代的意大利哲学家。当时，意大利学者组成了一个名为“实用主义俱乐部”的学术小组，在1903—1907年间不定期地举行哲学讨论，小组的领袖是G. 帕皮尼（G. Papini）。1905年4月，在意大利参加第五届国际心理学大会的詹姆士在罗马见到了小组的部分成员。在4月30日写给家人的信中，詹姆士谈到了意大利的实用主义哲学小组：“我于今天下午与‘实用主义’小组有一个很好的并且亲切的交谈，这个小组的成员有帕皮尼、瓦拉蒂、卡尔德罗尼、阿门达拉等，他们中的大多数人居住在佛罗伦萨。他们自费出版月刊《列奥纳多》，开展了一场非常严肃的哲学运动，它确实明显地受到席勒和我自己的影响。”①在5月2日给乔治·桑塔耶拿（George Santayana）的信中，詹姆士再次提到了与意大利同行的聚会以及他们所从事的哲学研究工作②。詹姆士的哲学也引起了德国和法国学术界的关注。詹姆士的《实用主义》一书于1908年由威廉·耶路撒冷（Wilhelm Jerusalem）译成德文出版，从而初步改变了之前实用主义不为德国学术界所知的状况③。在法国，著名哲学家亨利·柏格森为詹姆士的《实用主义》法语版写作序言，并对之极为欣赏。“一从邮差那儿接过你的《实用主义》，我便马上开始读起来，我手不释卷，直到全部读完，它令人钦佩地刻画出了未来哲学的纲要。”④对于詹姆士的《心理学原理》《宗教经验之种种》《多元的宇宙》以及《真理的意义》等，柏格森也持有一种善意和积极的评价。柏格森与詹姆士彼此欣赏，情谊非常，始终维持着一种相互间“同情的理解”，俩

---

① Ignas K. Skrupskelis，Elizabeth M. Berkeley（edit.）：*The Correspondence of William James*（volume11），Charlottesville and London，University of Virginia Press，2003，第26页。乔瓦尼·古拉斯（Qiovanni Gullace）的《意大利的实用主义运动》，王成兵、黄煜峰译，《经济与社会发展》，2020年第6期，第39~47页。

② Ignas K. Skrupskelis，Elizabeth M. Berkeley. *The Correspondence of William James* [M]. Volume11. Charlottesville：University of Virginia Press，2003：27.

③ Ralph Barton Perry. *The Thought and Character of William James* [M]. Nashville：Vanderbilt University Press，1996：321.

④ Ralph Barton Perry，*The Thought and Character of William James* [M]. Nashville：Vanderbilt University Press，1996：347.

人都真诚地寻找对方与自己相似、相近或相同的思想成分[①]。

（三）詹姆士是美国走向强大过程中显现文化自信，力求哲学思想本土化和独立性的思想家的代表

詹姆士的时代是美国社会从南北战争的乱局中逐步走向稳定直至强大的阶段。作为移民国家，美国的文化和哲学与欧洲的文化与哲学具有天然的亲密关联，实用主义哲学的奠基者皮尔士、詹姆士和杜威的思想中都多多少少具有西方哲学和文化的痕迹。随着美国逐步走向强大，美国思想和文化界自然地和自觉地把塑造自己的文化和哲学品格作为自己义不容辞的学术使命。从个人思想发展史来说，标志着詹姆士哲学思想成熟的重要著作大多发表于19世纪七八十年代之后。总体而言，这些著作透出美国哲学家寻求思想独立的强烈意愿和发出美国声音的责任感。只有在这个时代背景下，我们才可以充分理解詹姆士哲学的煽动性、乐观主义和热情四射的英雄气质，理解詹姆士等实用主义哲学家不再满足于在文化和哲学上仅仅扮演欧洲人的听众，而是开始尝试以美国人的方式谈哲学。1900—1901年，詹姆士接受爱丁堡大学邀请，去英国做著名的吉福德演讲（Gifford Lectures）。詹姆士说，面对许多博学的听众，自己实在诚惶诚恐，因为，美国人从欧洲学者生动的谈吐以及他们的书里接受教诲，这种经验已经习以为常了。“在我们哈佛大学，没有哪个冬天是毫无收获地白白度过的，总有来自苏格兰、英格兰、法兰西、德意志的专家，代表着他们本国的科学或文学，给我们做或大或小的演讲——这些专家，或是接受我们的邀请，专程横渡大西洋为我们演讲，或是当他们游历我们国家时，半路为我们截获的。欧洲人说话，我们听，似乎是理所应当的事情。我们说话，欧洲人听，则是相反的习惯。”而作为美国哲学家，“此时此刻我站在这里，不再说推辞的话。我只说一句：现在，无论在这里还是阿伯丁，潮流已经开始由西向东，我希望继续这样流下去。将来年复一年，我希望我们的民族在所有这些高层事业上变得像一个民族一样。并且，与我们的英语相关的哲学气质和特种政治气质，

① 关于詹姆士与柏格森之间的学术互动，参见 Ralph Barton Perry. *The Thought and Character of William James* [M]. Nashville：Vanderbilt University Press，1996：332~358.

越来越弥漫于全世界，影响全世界。”[①] 同样，当詹姆士的《实用主义》出版并大受欢迎之后，詹姆士极为自信地说：“《实用主义》定是一本划时代的东西，在未来十年时间内，它将成为划时代的作品，它很像新教改革那样的东西。”[②]

二、在中国当代学术语境中深入研究詹姆士哲学的必要性

中国学术界与詹姆士哲学思想的相遇有长达一个多世纪的历史。1920 年 3 月 5 日起，古典实用主义哲学家约翰·杜威在北京大学法科礼堂举办了 6 次讲座，专门介绍詹姆士、柏格森和罗素三位哲学家。其中，对詹姆士及其哲学的介绍最为详尽[③]。在这个时期，胡适肯定了詹姆士心理学的地位，介绍了以詹姆士为代表的实用主义真理学说，特别强调了詹姆士关于真理是工具、媒婆、摆渡的观点，进而阐述效用的真理观。之后，范寿康、朱谦之和谢幼伟等学者对詹姆士的哲学思想进行了介绍或批评。20 世纪 50 年代和 60 年代，在批判实用主义的浪潮中，詹姆士哲学也受到了学术界激烈的批判[④]。20 世纪 80 年代初以后，我国学术界的实用主义哲学研究得到恢复并逐渐走入正轨，学术界力图重新审视包括詹姆士哲学在内的实用主义思想。这些，都是我们当今严肃、细致和深入研究詹姆士哲学时无法回避的学术背景。

强调有必要在当今的中国学术语境中进一步展开对詹姆士哲学的研究，主要是基于以下几点考虑：

（一）对詹姆士哲学深入和全面的研究，有利于进一步推进对作为一种价值哲学的实用主义的研究

詹姆士的实用主义既是一种哲学，也是一种价值学说。在某种程度

---

① 威廉·詹姆士，《宗教经验之种种》，尚新建译，华夏出版社，2012 年版，第 2~3 页。

② Ignas K. Skrupskelis，Elizabeth M. Berkeley. *The Correspondence of William James* [M]. Volume 3. Charlottesville：University of Virginia Press，2003：339.

③《杜威五大演讲》，胡适口译，安徽教育出版社，2005 年版。

④ 关于 20 世纪 50 年代对实用主义哲学的批判，参见王成兵《建国初期对实用主义的批判述评》，载《探索》2000 年第 3 期，第 73~75 页。

上说，詹姆士的哲学具有典型的美国价值观意义。在全球化时代，价值多元是一种活生生的事实，各种价值观的冲突是不可避免的现实与态势，价值观的冲突和碰撞将会成为中美哲学与文化之间学术对话的重要内容。对当代中国的核心价值观的理论探索，是我国学术界共同的学术责任和使命。在研究和建构当代中国自己的核心价值观的过程中，对以詹姆士哲学为代表的实用主义价值观的研究，客观上有利于我们从学术上回应和评判西方典型的价值观，确立自己的核心价值观。

（二）对詹姆士哲学的研究有助于在当代学术语境中更深入地理解和把握西方哲学研究中的一些关键问题

詹姆士的实用主义是一种特点鲜明的、非体系化的学说，它兼有现代西方人本主义哲学和实证主义哲学的特点，但是又游离于这两大思潮之间，试图走一条“第三条道路”，它反对传统的理性主义，但是又试图超越近代的经验主义哲学。以詹姆士为代表的实用主义哲学与现代西方哲学的许多流派保持着若即若离的关系，它从来没有彻底远离主流话语，在各种哲学对话中，它虽然并不总是处于对话的中心，但是学术界又总能听到它的声音。另外，很多现代哲学思潮最终都无法回避实用主义的论题，在一定意义上不得不回到实用主义的立场或者借用实用主义的观点。

因此，对詹姆士实用主义的研究涉及许多重要的现代西方哲学问题。比如，关于形而上学问题，古典实用主义者一般来说是持反对和怀疑立场，它也对思辨哲学持怀疑态度，但是，实用主义哲学从一开始就不可能完全回避形而上学问题。詹姆士对彻底经验和意识流等问题的思考，本身是实用主义对形而上学问题研究工作的一部分。我们认为，对詹姆士哲学的研究，有助于学术界对现代西方哲学一些关键问题的理解和把握。比如，如果我们能够对詹姆士的形而上学观进行更多的研究，我们在理解现代西方哲学的反形而上学特征时，可能会做出更丰富、更谨慎的思考，避免简单化和贴标签，这实际上也会丰富我国学术界的现代西方哲学研究工作。

（三）有助于我们在全球化时代加深理解美国的哲学和文化，在实际工作中有效、恰当和正确地应对来自美国政治、经济、文化方面的挑战

实用主义哲学关照现实，是美国经验的一种哲学总结，是美国精神的哲学概括，也是“美国梦”的哲学支柱。回顾实用主义的历史，我们发现，实用主义受到了美国社会、历史、文化和科学技术等因素的影响，它的不同阶段的理论形态反映了美国学术界和思想家对美国社会发展的不同阶段所做的哲学思考。事实上，在日常政治生活和学术活动中去思考美国的政治、文化和制度，分析和评判许多重大的决策和事件，都离不开对其背后的实用主义哲学因素的考察。在这一点上，詹姆士自己也有很清醒的认识，他曾经借用别人的比喻说：“我们觉得对于一个女房东来说，考虑房客的收入固然重要，但更要紧的还是懂得房客的哲学；我们认为对于一个即将杀敌冲锋的将军来说，知道敌人的多寡固然重要，但更要紧的是知道敌人的哲学。”[①] 因此，研究实用主义主要代表人物詹姆士的哲学，对于我们从实践层面上有效和准确应对来自美国的政治、经济、文化方面的挑战，做到知此知彼，也有积极的意义。

三、推进和深化詹姆士哲学研究的可行路径与研究构想

在当代中国学术语境中推进詹姆士哲学研究，应当以詹姆士核心文献的分析、编辑与翻译为基础，在西方哲学的语境以及中外比较哲学的视野中展开。

（一）对詹姆士哲学经典和重要研究文献进行搜集、编辑和翻译

哲学文献是哲学家思想的主要载体，对詹姆士哲学文献的研究是对詹姆士哲学展开研究的重要组成部分。詹姆士在世时，美国出版过詹姆士的《心理学原理》（*Principles of Psychology*）（1890）、《实用主义》（*Pragmatism: A New Name for some Old Ways of Thinking*）（1907）、《宗教经验之种种》（*The Varieties of Religious Experience*）（1902）、

① 威廉·詹姆士，《实用主义》，陈羽纶、孙瑞禾译，商务印书馆，1979年版，第5页。

《多元的宇宙》(*A Pluralistic Universe*)(1909)、《真理的意义》(*The Meaning of Truth: A Sequel to Pragmatism*)(1909)等文献。在从哈佛大学退休之后，为回应学术界一些人批评他的思想不系统的说法，詹姆士曾决定在余生完成对实用主义进行更充分解释的工作，包括重新编写自己的作品。不过，詹姆士直到去世也没有完成他所预期的“逻辑完整性”工作[①]。

詹姆士去世以后，詹姆士的一些哲学著作得到出版，其中包括《一些哲学问题》(*Some Problems of Philosophy*)(1911)、《彻底经验主义论文集》(*Essays in Radical Empiricism*)(1912)，等等。

20世纪中后期以来，美国学术界着手对詹姆士文献的全面收集、勘校和编辑工作。其中最有代表性的文献是哈佛大学出版社历时13年完成的、迄今为止最具权威性、最齐全的《威廉·詹姆士著作》(*The Works of William James*)(19卷)(1975—1988)。该文集不仅包括了詹姆士生前出版的文献，也搜集和整理了詹姆士在世时尚未出版的论文、讲稿、笔记、书评和访谈等。编纂人员对每卷文献进行了极为细致的考察，对主要文本的发表背景、出版历史、编校情况等进行了明确的交代，并由语言专家对文献的英语进行了现代版的注释和修订。在某种意义上说，《威廉·詹姆士著作》是詹姆士文献的学术批评版、考证版和专业版，具有很高的文献价值和学术价值。

在现代西方哲学家中，詹姆士可能是为数不多的非常愿意写信并能够把信件保留下来的哲学家。美国弗吉尼亚大学出版社于1992—2004年间编辑出版的12卷本《威廉·詹姆士书信集》(*The Correspondence of William James*)是迄今为止最齐全的詹姆士书信文集，它为人们研究詹姆士学术思想和学术交往的历程、学术与生活的互相影响等提供了可贵的资料。

此外，在詹姆士的时代，私人图书馆对个人的学术研究也起到了很重要的作用。詹姆士自己有一个规模不小的私人图书馆，詹姆士在其中进行阅读和写作，他阅读时在很多书上所做的批注等，也是研究詹姆士

---

① 道格拉斯·索希奥，《哲学导论——智慧的典范》，王成兵等译，北京师范大学出版社，2014年版，第499~500页。

哲学的重要信息[①]。

自20世纪二三十年代开始，中国学术界翻译和出版过一些詹姆士的哲学文献，有的文献甚至出版了若干个版本。不过，总的来说，关于詹姆士哲学文献中文版的出版工作存在着版本、语言和理解等方面的问题，具有很大的提高和改善空间。学术界当下的任务是以《威廉·詹姆士著作》为基本文献，编辑、出版多卷本中文版的詹姆士哲学文集。按照我们的构想，詹姆士哲学文集中文版至少应当包括以下内容：《实用主义》《真理的意义》《多元的宇宙》《宗教经验之种种》《信仰的意志和其他通俗哲学论文》《一些哲学问题》《彻底经验主义论文集》《哲学论文集》《讲稿》《哲学书信、短评与书评》及《心理学原理》（第1~3卷），等等。

（二）在实用主义发展史中考察詹姆士实用主义哲学的重要观念和思想的发展线索、学术走向，明确詹姆士在实用主义运动中的地位

1. 研究詹姆士哲学与其他古典实用主义哲学家之间的关系和互相影响

从一般性学术交往的角度说，古典实用主义哲学家之间的关系似乎比较明确，然而，就詹姆士、杜威和皮尔士三位古典实用主义代表人物以及英国实用主义哲学家席勒的思想之间的逻辑关系以及他们的思想观念之间的差异而言，学术界需要做更细致的研究工作。

2. 厘清詹姆士哲学思想发展的逻辑

詹姆士的哲学与其心理学、宗教学等思想交织在一起，显得更加庞杂和复杂。因此，詹姆士哲学思想发展的逻辑以及个人思想发展的阶段，是詹姆士哲学研究中的一个重要问题。比如，詹姆士最为关键的哲学观念“彻底经验主义”何时产生和成熟，至今学术界仍然没有定论。同样，詹姆士在1907年提出实用主义与彻底经验主义并没有任何逻辑性的关联，“一个人尽可以完全不接受它而仍旧是个实用主义者”[②]。这寥寥数语，却让西方哲学界严肃地思考和争论：詹姆士的反形而上学的实用主义与

① 有关詹姆士私人图书馆的情况，参见 *Eminem L. Algaier IV. Reconstructing the Personal Library of William James* [M]. Lexington：Lexington Books，2020.

② 威廉·詹姆士，《实用主义》，陈羽纶、孙瑞禾译，商务印书馆，1979年版，第4页。

对世界本原问题进行探讨的彻底经验主义之间，是否具有同一性；为什么詹姆士在反对传统形而上学的同时，又主张另一种形而上学，两个主要的主张如何和谐相处与共生[①]类似的问题，在詹姆士哲学中并不少见，值得举一反三，进行思考和讨论。

（三）在西方哲学语境中研究詹姆士哲学的地位和影响

詹姆士哲学是整个西方哲学发展史的一个环节。从哲学史维度研究詹姆士哲学，展现詹姆士哲学乃至整个古典实用主义出场的哲学史背景，是学术界一贯坚持的方向[②]。由于篇幅限制，本导语仅就在现代西方哲学语境中加强对詹姆士哲学的研究，提出几点建议，供同行参考。

1. 研究詹姆士哲学与柏格森哲学之间的学术互动

就私人交往而言，詹姆士与柏格森彼此都毫不掩饰对对方的欣赏。作为学术研究，我们很容易找到两位哲人思想的相似和相同之处。比如，詹姆士和柏格森都对理智主义持批评与怀疑态度，都对生成中的宇宙和世界持开放性态度，等等。同时，詹姆士与柏格森的哲学观点也确实具有某些差异性。比如，在最终实在论题上，詹姆士是镶嵌式的多元论，他把宇宙看成经验中的世界，反对超越性的实在；而柏格森则坚持认为，存在着某种无所不包的一元论。在哲学方法论上，詹姆士侧重于描述，柏格森更重视转变和解释。此外，两位学者在时间性、传统哲学的价值、偶然性的地位等问题上，都有明显不同的见解和立场，有待学术界展开更深入的讨论。

2. 研究詹姆士与罗素在真理和纯粹经验问题上的争论及其哲学蕴意

詹姆士与罗素有学术上的直接交往。就哲学立场而言，詹姆士与罗素的分歧显而易见。在真理观上，罗素与詹姆士之间发生过激烈的争论。在经验观上，罗素对詹姆士的彻底经验主义持怀疑的态度。这种分歧，在某种程度上既反映了分析哲学立场的真理观与具有某种约定主义色彩

---

① 相关研究，参见 Wesley Cooper. *The Unity of William James's Thought* [M]. Nashville：Vanderbilt University Press，2002.

② 关于实用主义哲学研究路径的更详细讨论，参见《实用主义研究的三条路径》，《新华文摘》，2016 年第 12 期，第 36~39 页。

的真理观之间因“门户之见”所造成的思想差异，也反映了经验主义哲学阵营内部在诸如经验等问题上的不同看法，甚至不排除争论中的一方或双方对对方立场的某种误读[①]。

3. 研究詹姆士与意大利实用主义者之间的相互影响

就像本导语前面部分提到的那样，1903—1907年间，发生在意大利的实用主义运动是美国实用主义在欧洲的分支。相对来说，学术界对意大利实用主义运动如何受到詹姆士的影响，以及前者在哪些方面试图对后者进行改进和补充，还有很大的研究空间[②]。同样，学术界关于詹姆士对意大利实用主义者的思想和观点的吸收（比如，詹姆士对帕皮尼的“走廊”比喻的借用，等等），也有待加以细致的研究[③]。

4. 更深入研究詹姆士哲学对维特根斯坦哲学思想的影响

詹姆士的哲学影响到了一些重要的现代西方哲学家（如维特根斯坦、弗洛伊德和萨特，等等）。其中，关于詹姆士对维特根斯坦思想的影响，尤其引起了国内外学者的关注。维特根斯坦曾经深入研读过詹姆士的《心理学原理》《宗教经验之种种》等著作。罗素也认为，维特根斯坦哲学中的神秘主义倾向的确来自詹姆士思想风格的影响。笔者相信，对詹姆士和维特根斯坦思想的逻辑关联性的深入和全面研究，无论对当今的詹姆士研究还是维特根斯坦研究来说，都是一个值得期待的工作[④]。

5. 研究詹姆士哲学与早期现象学运动之间的思想关联以及詹姆士对现代现象学的影响

古典实用主义哲学家皮尔士早在20世纪初就使用了“现象学”这个名词。“虽然我们并不能因此简单地断言，古典实用主义在胡塞尔现象学之前就提倡了现代现象学，但是，在皮尔士、詹姆士和广义的现象学之

---

① 关于罗素与詹姆士之间的学术争论的基本文献，参见罗素的《心的分析》《哲学论文集》，詹姆士的《两位英国批评者》《对罗素的“大西洋彼岸的‘真理’”的注解》，等等。

② 威廉·詹姆士，《实用主义》，陈羽纶、孙瑞禾译，商务印书馆，1979年版，第30~31页。

③ 关于意大利实用主义运动的更多情况，参见 Giovanni Gullace. *The Pragmatism Movement in Italy*[J]. Journal of the History of Ideas，1962（23）：91~105.

④ 相关阶段性研究成果，参见 Robin Haack：*Wittgenstein's Pragmatism*，American Philosophical Quarterly，Vol. 19，No.2，1982，第163~172页；陈启伟，《西方哲学研究——陈启伟三十年哲学文存》，商务印书馆，2015年版；李国山，《论维特根斯坦与詹姆士的学术关联》，《社会科学》，2019年第3期，第119~121页；Russell. B. Goodman：*Wittgenstein and William James*，Cambridge University Press，2004。

间，确实有很重要的志趣相投之处。”[①] 或者说：“我们不能说詹姆士预言了现代现象学，但是，他的思想至少以类似于现象学的方式试图回应来自哲学、科学、心理学、生物学的挑战。”[②]

西方学术界在20世纪中叶就提出，詹姆士的意识流和彻底经验主义有着比较明显的现象学特征。虽然是胡塞尔普及了“现象学”这个词的意思，但这是在詹姆士的《心理学原理》出版10年之后的事。詹姆士在1890年，尤其是在《心理学原理》的“思想流”这一章中，基本建构了“现象学”分析的模型。按照詹姆士的观点，他不会同意把一组先天的范畴强加在我们对经验的描述上，而是主张应该始于观察经验本身。詹姆士用自己的方式着手去除“事物”与“关系”之间的老旧的区分。此外，詹姆士的现象学优点之一是，他能够用简单的英语，而不是用后来才发展出来的一些晦涩术语来表述现象学[③]。

20世纪80年代左右，现代现象学运动如日中天，古典实用主义也走向了复兴。在这种背景下，西方哲学界断言，现象学哲学家们在他们的理论和古典实用主义者的某些观点之间发现了惊人的相似之处。因此，西方学术界出版了专门对古典实用主义与哲学现象学进行总体性比较研究[④] 以及就詹姆士与现象学家进行比较研究的专著，比如，最近引起学术界关注的《列维纳斯和詹姆士：走向一种实用主义的现象学》(*Levinas and James: Toward a Pragmatic Phenomenology*)[⑤]。中国学者自21世纪以来也发表了若干篇关于詹姆士与现象学比较研究的学术成果[⑥]。

---

① 赫伯特·施皮格伯格，《现象学运动》，王炳文、张金言译，商务印书馆，2011年版，第52、53页。

② 罗伯特·B. 麦克劳德，《作为现象学家的威廉·詹姆士》，陈磊译，《经济与社会发展》，2018年第5期，第62~64页。

③ 罗伯特·B. 麦克劳德，《作为现象学家的威廉·詹姆士》，陈磊译，《经济与社会发展》，2018年第5期，第62~64页。

④ Patric L. Bourgeois &Sandra B. Rothsenthal: *Thematic Studies in Phenomenology and Pragmatism*, B.R. Gruner Publishing Co.-Amsterdam, 1983; Sandra B. Rothsenthal & Patric L. Bourgeois: Pragmatism and Phenomenlogy: A Philosophic Encounter, B.R. Gruner Publishing Co.-Amsterdam, 1980.

⑤ Megan Craig: Levinas and James: *Toward a Pragmatic Phenomenology*, Indiana University Press, 2010.

⑥ 陈群志，《詹姆士的时间哲学及其现象学效应》，《学术月刊》，2016年第4期，第29~39页；孙冠臣，《论威廉·詹姆士对胡塞尔现象学的影响》，《现代哲学》，2002年第2期，第98~106页。

6. 研究詹姆士哲学中的后现代元素

后现代主义哲学因其过于沉重的解构底色而遭到学术界不同程度的批评。一些后现代主义思想家努力为后现代主义的建构特质寻求学术资源。在为这个建设性哲学寻求思想资源的过程中，人们想到了詹姆士。他们认为，詹姆士对身心二元论和物理主义的批评，对人类意识活动中的有机链接关系的强调，以及詹姆士真理观中的约定论成分等，确实与建构性后现代主义的一些主张不谋而合，有学者甚至干脆把詹姆士视为建设性后现代主义哲学的奠基人之一[①]。在后现代主义哲学由热转向冷静研究的阶段中，对詹姆士哲学与后现代主义哲学的可能影响的研究，也许既有利于深化对詹姆士哲学的当代意义的理解，也有利于增加后现代主义哲学理论韵味。

（四）在比较哲学视野中探索詹姆士哲学与中国传统哲学之间的关系

在全球化时代，中西哲学的对话和比较研究是一种大趋势，也是中国当代哲学工作者无法回避的学术责任。我们可以将詹姆士哲学与中国传统哲学之间的比较研究作为一个案例，在观点、研究方法等方面进行积极的尝试。

其实，实用主义哲学与中国哲学的对话是伴随着实用主义哲学传入中国的步伐一起进行的。20世纪20年代，胡适和蒋梦麟等就尝试着把杜威的思想与中国传统哲学进行比较研究。此后，由于种种原因，这项工作停滞了相当长一段时间。从20世纪80年代开始，由于国内外学术沟通渠道的拓宽和学术交流的更加顺畅，也由于我国综合实力大增所导致的西方学术界对中国文化和哲学的重视，实用主义哲学与中国哲学的深入对话似乎成为一种必然。在古典实用主义哲学与中国传统哲学比较研究方面，最突出的研究进展是杜威哲学与中国传统哲学的比较研究。

相对于杜威哲学与中国传统哲学之间比较研究工作的现状和成果，詹姆士哲学与中国传统哲学之间的比较研究工作具有极大的发展空间。一方面，学术界有必要沿着20世纪90年代所进行的尝试，将詹

---

① 大卫·雷·格里芬，《超越解构——建设性后现代哲学的奠基者》，鲍世斌等译，中央编译出版社，2002年版，第123~182页。

姆士哲学与颜元、黄宗羲等人的思想进行比较研究[1]。毫无疑问，这方面的研究工作是基础性的，有其不可忽视的学术价值，学术界完全有必要重启和加强这方面的研究。另一方面，也是更为重要的方面，学术界有必要尝试着选取詹姆士哲学的某些关键性观念，努力在詹姆士哲学与中国传统哲学的比较研究方面，从简单的相似性、差异性比较，逐渐进入对以詹姆士为代表的实用主义哲学与中国传统哲学之间的共通性（commonalities）问题的思考和把握。就我们目前初步的理解而言，比较研究工作至少可以从以下两个方面展开：

1. 就詹姆士的“纯粹经验”“意识流”观念与佛教哲学的相关观念展开比较研究。

“纯粹经验”和“意识流”是詹姆士哲学中最为重要的哲学观念，在《心理学原理》《彻底经验主义论文集》《宗教经验之种种》等重要哲学著作中，詹姆士对它们进行了大量的讨论。根据我们的初步理解，詹姆士的上述观念与佛教的唯识论尤其是唯识今学的某些观点，具有可比性。比如，唯识今学主张，通过对认识论和逻辑学的探究去了解把握终极真理的途径。在认识的来源和获得真理的手段问题上，一些代表人物提出了“识量”或“量”的思想，即现量、比量和圣教量，其中，识量虽然是一种认识，但是，它已经不是一般性的泛泛而谈的感觉经验，而是有着特殊规定的直觉经验，这也是所谓的“直对前色，不能分别”。其意思是说，“只有感官机能直面前境生起的感觉，才属现量，因而现量总是片段的、刹那灭的，绝不会形成多种感觉综合的完整表象，那是思维‘分别’在起作用，不属于‘现量’的范围”，例如“唯见一色，不证于瓶”，“‘瓶’的现量只能知觉到它的色、香、味、触等，但不能认识到它是‘瓶’。‘瓶’的认识，不属于‘现量’的范围。据此，‘现量’的对象被认为就是构成具体事物的单一性，即不可再破解的‘自性’或‘自相’”[2]。詹姆士的上述观念与早期现象学之间具有天然的亲缘关系，合乎

---

① 陈林，《威廉·詹姆士实用主义与颜元实用思想之比较》，《南京师大学报》，1992 年第 4 期，第 27~32 页。司徒琳，《不同世界间的共同基点——通过黄宗羲与威廉·詹姆士，比较明清新儒学与美国实用主义》，《复旦大学学报》，1990 年第 3 期，第 26~31 页。

② 杜继文，《佛教史》，江苏人民出版社，第 127 页。

逻辑地，詹姆士的哲学与佛教哲学的比较研究，应当成为现象学与中国传统哲学比较研究工作的必要组成部分。

2. 就詹姆士所主张的意识的神秘状态的不可言传性、可知性与中国传统文化所讨论的某些既神秘又可以认识的存在状态展开比较研究

詹姆士本人具有鲜明的宗教哲学主张。时至今日，詹姆士的实用主义宗教观在西方的宗教哲学界仍然具有不可忽视的影响。与其宗教哲学和彻底经验主义哲学观密切相关，詹姆士的宗教哲学思想专门讨论了意识的神秘状态。在詹姆士看来，意识的神秘状态具有如下重要特征：

不可言传性，“它不可言传，不能用语言贴切地报告它的内容。因此，人必须直接经验它的性质”[①]。

可知性质，“它们似乎也是认知状态。它们是洞见真理的状态……是推理理智无法探测的。这些状态是洞明，是启示，虽然完全超乎言说，却充满着意蕴与重要”[②]。

暂时性，“神秘状态不可能维持很久”[③]。

被动性，“这种特殊类型的意识一旦出现，神秘者便觉得自己的意志突然停止了，有时，就好像被一个更高的力量所把捉”[④]。

不难看出，詹姆士心目中的这四个神秘状态，与东方智慧的某些思想具有极大的相似性和可比性。其实，詹姆士在进一步讨论上述思想时，也使用了瑜伽的所谓“三摩地”（samadhi）来证明，人们在某些状态下可以直接看见本能和理性不能认识的真理[⑤]。然而，比较遗憾的是，詹姆士没有了解到中国古代哲学中的相关思想，没有理解类似于老子、王弼等中国古代哲人的相关学说。所以，对意识的神秘状态的特点的进一步研究，可以尝试使用中国道家哲学和道教思想的相关视角和思路展开[⑥]。

---

① 威廉·詹姆士，《宗教经验之种种》，尚新建译，华夏出版社 2012 年版，第 373 页。

② 威廉·詹姆士，《宗教经验之种种》，尚新建译，华夏出版社 2012 年版，第 373~374 页。

③ 威廉·詹姆士，《宗教经验之种种》，尚新建译，华夏出版社 2012 年版，第 374 页。

④ 威廉·詹姆士，《宗教经验之种种》，尚新建译，华夏出版社 2012 年版，第 374 页。

⑤ 威廉·詹姆士，《宗教经验之种种》，尚新建译，华夏出版社 2012 年版，第 395 页。

⑥ 相关研究思路，参见尚新建，《美国世俗化的宗教与威廉·詹姆士的彻底经验主义》，上海人民出版社，2002 年版，第 207~209 页。Wang Chengbing. *Possible approaches to the comparative study of William James and traditional Chinese philosophy*[J]. Educational Philosophy and Theory，https：//doi.org/10.1080/00131857.2020.1750088.

译者序

本卷文集收录了威廉·詹姆士部分关于宗教和道德的文章。这些文章写作的时间跨度很长，从1884年延伸到詹姆士去世的前一年，即1910年。但文章涉及的主题却有着极其鲜明的风格，具有明晰的詹姆士的写作特点，也体现了接近三十年时间中詹姆士所关注的道德与宗教方面的核心问题。本卷的主题可以概括为五个部分。第一部分是詹姆士为他父亲老亨利·詹姆士①一本著作所写的一个导论。第二部分涉及了詹姆士对人类不朽与信仰问题的讨论，包括为《人类不朽：两种假定的对于该学说的反驳意见》（简称《人类不朽》）第二版所写的前言，以及一篇题为《理性与信仰》的文章，三篇分别为詹姆士为斯塔伯克、卢托斯拉夫斯基和费希纳著作所写的前言。第三部分是两篇纪念性文章，分别是关于罗伯特·古尔德·肖与爱默生的。第四部分是詹姆士关于人的力量与能量问题的两篇文章。第五部分是关于和平与战争的讨论，收录了詹姆士《在和平宴会上的讲话》和另一篇重要的文章《战争的道德等价物》。总体而言，这些部分虽然涉及了多个学科和多个主题，但都体现了詹姆士对人类道德与宗教生活中的重大问题的深刻反思，也表明了詹姆士对于人类力量的信念与人类经验的推崇。

本卷第一篇文章是詹姆士为《亨利·詹姆士遗作集》所写的一个导论。这篇文章是本卷中最长的一篇，虽然引述了老亨利·詹姆士著作中的不少内容，但这篇文章反映了詹姆士一些非常深层的信念，对于理解

① 因亨利·詹姆士还有一个儿子也叫亨利·詹姆士，是美国重要的文学家，因此一般称父亲亨利·詹姆士为老亨利·詹姆士。（译者注）

詹姆士的思想，尤其是其宗教哲学思想还是极为重要的。这篇文章中涉及的很多观点和主题，在詹姆士自己成熟的，同时也是至关重要的作品《宗教经验种种》中得到了充分发挥。不过，詹姆士自己强调，导论的核心工作是想要还原，或者说“更加充分”地表述一个全面的老亨利·詹姆士，但詹姆士所采用的方法是“尽可能地让我父亲的文字为他自己发言”。在风格上，詹姆士将父亲的写作风格评价为一种类似于“英国大师的多愁善感”。在论述的主旨上，詹姆士认为父亲的作品，终其一生都在陈述“人类与其造物主之间的真正关系”这一主题，诸多作品皆是对这一主题的重复。詹姆士将老亨利·詹姆士最好的思想称为“激起对神的神秘性思考”，以及大量对“神与人的关系”的论述。老亨利·詹姆士是一个“宗教上的先知与天才”。詹姆士认为，他的父亲在他自己所处的时代因为缺少对手而没有继续挖掘自己的思想，但他还是提出了一个极其正面、根本性和新颖的关于上帝的概念，也提出了一种极具活力的，我们与上帝之关联的看法。在老亨利·詹姆士看来，重要的是承认“上帝作为创造者”的观念。而在威廉·詹姆士看来，这来自他的父亲“以最纯粹，最简单的形式探寻宗教情感”，最终获得的“本质上是非常简单而和谐的世界观”。老亨利·詹姆士观念的核心部分，或者说核心方法，被詹姆士描述为“直觉和态度”。此外，创造问题中根本性的和首要的就是关于“创造物的否定与死亡”问题。老亨利·詹姆士通过“形成”与“救赎”两个术语来描述自然的创造与社会的创造，但又将二者统一于“创造者”本人之下。在自然向社会创造的转换之中，“自我的意识和良知”成了所谓的关键节点。此时，在詹姆士的描述中，老亨利·詹姆士在其对于创造的神学描述中引入了人的“道德”。此外，创造物被看作是上帝从虚空之中创造而成的。而这种创造物中真正被创造的是“聚集的人类”，因此上帝被认为具有了“神圣——自然的人性”。本质上说，这是对上帝的一种道德人格化的可能探索。詹姆士还描述了老亨利·詹姆士最终到达对上帝这种本质认知的思想历程，始于傅立叶的理论，终于对上帝的寄托。这个寄托将上帝理解为一个有着“人类价值”的上帝，一个与人密切关联的上帝，一个本质上是“人”的神。因而，对于老亨利·詹姆士来说，神圣的经验之所以是神圣的，不在于神圣的经验是远离人类活动的，恰恰相反，神圣性必须通过人类的生活和人类的经验才获得了呈现的可能；超越性因而需要在人类的具体事务与具体经验中被呈现，这一点实际上也是我们理解詹姆士宗教哲学思想的关键所在。

詹姆士认为，在老亨利·詹姆士对上帝和神性的这种描述中，凸显出了良心的位置。宗教“唯一的使命是追随道德的脚步”。结果是，道德意识成为我们与上帝之间真正与永恒的联系。此外，詹姆士将老亨利·詹姆士的这些宗教观念与后者所看重的斯韦登伯格的宗教理论联结在一起，强调了斯韦登伯格对于老亨利·詹姆士宗教观念的重大影响，并将老亨利·詹姆士对于教会的批评也置于一种上帝与人的直接之关联所打开的、每个人都成为上帝荣耀承载的意义之下。这样一种宗教意识和一种对于个人主义、自私观念的摒弃与反省结合起来，构成了老亨利·詹姆士宗教观念最重要的特征。詹姆士认为，老亨利·詹姆士的宗教哲学可以被看作是一种对“自然神论”的质疑，而教会因为对“自然神论”的支持而受到老亨利·詹姆士的抨击。此外，老亨利·詹姆士也批评了“职业宗教”，将其塑造出来的人格称作是人为地“烤熟”我们，进而让我们“失去了任何内在或精神上成熟的机会”。不过，在詹姆士看来，尽管老亨利·詹姆士借鉴了斯韦登伯格的很多想法，但他还是“一个原创思想家”。老亨利·詹姆士关于上帝的概念之所以伟大，乃在于它的“双重特性”：“它是一元论的，但也足以满足哲学家的要求，并且是足够温暖，足够有活力和戏剧性，能够灌输给普通的支持多元论者的心灵”。这个宗教上的一元论与多元主义之间的区分在詹姆士自己的思想中也占据了一个重要的位置。在詹姆士看来，宗教之经验有“种种”，“每一种”经验之间都各不相同，因而很难用一种一元论的方式来概括或统辖它们。之后，詹姆士引出了自己对于多元主义的一些说明，甚至认为，“我们事实上在完整地实践我们的道德能量时，总是倾向于这种多元主义”。

《罗伯特·古尔德·肖——威廉·詹姆士教授致辞》是一篇为纪念罗伯特·肖及其军团而作的青铜作品在圣高登斯公园落成的致辞。肖是一名领导黑人军团的军官，詹姆士认为，他们的战斗体现了某种特殊的意义。在致辞中，詹姆士认真反省了美国的奴隶制度，他甚至将废奴主义者称为“世上良知的代言人”。詹姆士将黑人将军和黑人军团的雕像落成看作是代表了“联邦事业的更深刻意义”的东西，这是美国有色人种担负对国家责任的具体呈现。詹姆士称赞肖体现了一个道德典范的价值，他谦逊、勇敢、富有责任心，服从命令又不迂腐，且具有一种“孤独的勇气”，闪耀着道德光辉。从肖上校出发，詹姆士讨论了战争与美德的关系，并认为肖上校所体现出来的勇气和美德不仅可以在战争中发挥作用，也可以在和平时期大有作为。

在詹姆士后期的心理学研究中，“人类不朽”是一个重要的切入点。在为《人类不朽》第二版所写的前言中，詹姆士进一步解释了他的“传递理论”，并对反对者的批评做了回应。批评者主要认为，“传递理论”所打开的某种“不朽”并不是基督教意义上的不朽，而是泛神论意义上的不朽；并认为通过“传递理论”对不朽的说明是与“个人生活”不相一致的。但詹姆士认为，他并没有支持一种泛神论的立场（尽管有些术语的使用会造成这样的误解）。詹姆士使用了“存根”的比喻，来说明为什么大脑作为一个“中介物”，可以在经验（支票）消散之后，依然保持我们个人同一性（存根）的继续存在，从而获得某种“不朽”。在《人类不朽》中，詹姆士认为，不朽问题的根源实际上是“个人感受”，而他自己对于不朽的问题并不热切。但詹姆士想要在英格索尔讲座中说明的，是两种对于人类不朽的反驳意见，或者说指出该学说的两个困难之处。詹姆士将第一个困难描述为“与我们精神生活对于我们大脑的绝对依赖有关”，基于此，生理心理学被认为阻碍了关于不朽的旧信仰，而在詹姆士看来，这个关于经验的生理心理学设定是狭隘的。詹姆士提出他自己的核心意见，即，一个关于心理生理学的公式，“思想是大脑中的一个交叉点”。这样的一个观念很自然被看作是对人类不朽观念的冲击。但詹姆士试图对此进行反驳，在詹姆士看来，“生命可能在大脑本身死亡后仍然继续”。实际上，詹姆士是从一个生理学的功能角度来论证的：普通生理学家没有看到大脑思想之外的功能。詹姆士认为自己的“传递理论”对于我们理解“不朽”具有更强的解释力，正是在这种“传递理论”中，实际上存在着超出我们所见的东西，它来自某种特殊的“能量”，而这些为人类不朽保留了一种可能性，也保留了进入一种更加宽泛之“经验领域”的可能性。

在《斯塔伯克的〈宗教心理学〉前言》中，詹姆士肯定了宗教心理学的意义，提出了一种收集和调查信息的方式，即，关注“个人回答”中的“特殊的经验和观念”，并拒绝以归纳、平均值的方式来分析个人经验，另外，詹姆士也认为调查不应当局限于基督徒，其他教派的宗教体验也应当被考虑。这一方法也很好地体现在他自己的著作《宗教经验种种》中。不过，詹姆士也承认斯塔伯克所采用的“统计的方法”对于实现他自身的目标是有益的。

在《卢托斯拉夫斯基〈灵魂的世界〉前言》中，詹姆士赞扬了卢托斯拉夫斯基作品“以直接确定的形式”表达理想东西的写作风格。在詹姆士看来，卢托斯拉夫斯基正确地发现了哲学是有用的，而那些哲学中“怀疑性的顾虑和拘谨”是无用的。詹姆士还指出，卢托斯拉夫斯基对于信念的热情高过了推理，而这更能够呈现哲学真正的用处。詹姆士认为，卢托斯拉夫斯基传达的是一种“单子论和多神论”，这是人们具有的本能信念。

在《爱默生》中，詹姆士提出了一个问题：“是什么给爱默生的个性如此无与伦比的味道”？在詹姆士看来，爱默生的特殊之处除了他非凡的天赋之外，还因为他是一位艺术家，“一位以语言为媒介，以精神材料为载体的艺术家”。实际上，爱默生的整个生命都专注于此，专注于对精神进行“观察与报告”，以至于其他别的事业都无法真正捕获他的注意力。而这让爱默生能够高扬个人的“主权”，能够倡导人的解放。正是这一点，詹姆士认为，让许多人将爱默生看作是“一个破坏圣像和亵渎圣物的人”。爱默生坚定不移地推崇品格和个人良心的意义，强调当下生活的真实与分量，但同时，他也推崇意义与差别。在詹姆士看来，爱默生给我们的真正启示是，“最平凡之人的行为，如果真正地付诸行动，就能拥有永恒”，这和詹姆士本人的实用主义观点相契合。普通的日常情感，鲜活的个人经验，这是詹姆士在爱默生那里发现，并被他自己以理论性的方式不断加以阐发的东西。

在《费希纳〈死后的生命〉导论》一文中，詹姆士将费希纳看作站在“真理交叉的十字路口”，他提供了一种所谓“白昼视角”意义上的泛精神主义。这种精神主义将“物质世界”理解为与内在经验“永恒并存的两个方面”。费希纳将身体与意识看作“心理物理运动”的两个层面，不可分离。这些运动的相互叠加产生出了我们的经验，因此才会出现“当我们死的时候，我们的整个生命系统都会有逝去的经验”的感受。

《在和平宴会上的讲话》一文是1904年詹姆士在世界和平大会闭幕式宴会上的简短发言，体现了詹姆士对于和平与战争的看法。詹姆士首先说明了“人是理性的动物”这个定义，他将理性看作是人性中的一小部分，认为“具体事情的解决所依赖的，是并且总会是偏见、嗜好、贪婪和兴奋情绪”。理性的优势在于它总是会朝着一个方向努力。詹姆士认为，理性一定会对人产生重要的影响，因为人的永久敌人是“人性中引人注目的好战本性”。有太多的人因此而扮演了“战争的美化者”角色，认为“战争是上帝的正义法庭”。战争带来了人们生活中迫切需要的“刺激和兴奋”，成为缓解乏味习惯的办法，以至于许多人认为“战争最终是人性的极端呈现”。詹姆士并非鼓吹一种“和平主义”，他认为，较好的是让战争“保持着一般的可能状态，让我们的想象力能够偶尔触及它”，但不能随意地“以古老的形式展示自己的英雄主义”。

在《理性与信仰》中，詹姆士认为，人们通常将人的理性能力看作一种“与事实无关但和原则、关系相关的能力”，这是和信仰完全不同的。因为，“信仰使用的逻辑完全不同于理性的逻辑”，其中没有推理的理智链条。但詹姆士指出，如果要把理性排除在信仰过程之外，那么“充分说明一个人牢固的宗教信仰，很明显就非常困难”。之所以会如此，是因为宗教经验能够为理性提供一些事实，用以展示“理性的另一种可能性，然后信仰就可以进入其中”。在詹姆士看来，“宗教经验”是那些想要推理出宗教哲学的人应仔细考虑和阐释的，也是那些想要对我们的实际生活进行理性判断的人应当予以重视的。

在詹姆士著名的文章《信仰的意志》中，有一个颇有争议的看法，即，在某些情况下，我们的信仰是能够创造出某些事实的。有一些学者甚至认为，这个判断实际上是违背了“实用主义”原则的。然而，我们在评价这个观点时，需要回到詹姆士哲学人类学的核心概念和核心主题上。对于詹姆士来说，能量、力量和人的可能性是他看重并且认可的东西，而能量和力量在意志的作用下，有可能迸发出巨大的潜能，提供前所未有的可能性。《人的能量》和《人的力量》这两篇文章可以说是对詹姆士这一观念的阐发与说明。《人的能量》讨论了一个功能心理学的概念，詹姆士称之为“人的精神运行和道德操作依赖的‘可用能量的数量’”，这个概念经常被普通人使用。能量对于我们的生活有着重要的意义，“数量非常健康的能量”对于人们的实践生活至关重要。詹姆士引述了一封名为《贝尔德·史密斯上校》的家书来证明这一点：当我们需要时，我们可以大量使用所谓的“储备能量”。詹姆士强调刺激人们能量发挥之要素的作用。詹姆士甚至认为，道德意志的发动，道德行为的做出，会提升人的能量值的发挥。有时，为了激发我们的能量，我们需要接触到“更高的层次”。詹姆士还举了一个瑜伽练习者的例子，这个例子说明了用身体控制的方式进行自我暗示，从而增强我们意志的可能。詹姆士因而承认，观念能够释放人的能量，是“第三个伟大的动力体”。观念在人的生活中起作用时，效果往往是显著的，人们的生活会因为无穷力量的释放而被改变。詹姆士最后归纳说，就能量问题而言，每个人的内在世界丰富多彩，有着各种各样的力量，“但他通常没办法利用到它们”，上述那些例证就是利用内在能量的典型。

《人的力量》和《人的能量》一文相比，使用了类似的材料，表达了类似的观点，主要关注所谓的“恢复活力”和能量储备问题，詹姆士称为“效率－均衡”理论。这意味着，虽然我们自身的能量不可能无限制地损耗，但“任何人都可以以不同的能量消耗率维持生命力上的均衡”。然后，詹姆士讨论了一种“转变”的发生可能，他将其看作是“新的能量层变成永久性”的长期事件，只是这种转变的实现需要一些“启动它们的方法”。其中，意志是我们能量层的正常开发者，但做出努力往往并不容易，这也是为什么有时人们会被诱惑，感到“需要明显有害的刺激”。詹姆士将“苦行主义”也当作一种可以触及我们“自由与意志力量的极高层次”的办法。这些被看作是探究“我们力量的可能限度”，以及“接近这一限度的各种可能途径”。

在《战争的道德等价物》一文中，詹姆士认为，“人们的军事情绪根深蒂固，要在我们的理想中放弃这些情绪，除非有更好的替代品出现”。詹姆士描述了历史上的残酷战争行为，在詹姆士看来，战争的品性如此根深蒂固，是因为“我们的祖先在我们的骨髓之中注入了这种好战品性，数千年的和平时光也不会让它们从我们身上消失”。由此，詹姆士认为，战争在人类的生活中有自身的作用，作为一个和平主义者，要论证自己反对战争的观点，必须给出“战争的道德等价物”，即，提供某种原先战争能够提供的，合乎人类道德的东西，也就是说，即使是一个“和平主义者”也不能对战争在人类生活中的重要地位视而不见。战争某种意义上是人类释放能量的重要途径。然而，詹姆士并不认可所谓“战争功能的宿命论观点”，他坦陈，他有“自己的乌托邦”，甚至希望有一天，“战争行为将在文明人群中被正式宣布为非法”。不过，詹姆士也并不觉得“和平应该或者会永存在地球上”，他认可的是保留“旧有的军事纪律要素”的国家，也认可“重申军事美德”的必要性。战争的“等价物”，在詹姆士看来，即“在尚未麻木不仁时获得坚韧”的品质。

目录

《亨利·詹姆士遗作集》导论[1]

下面这部篇幅较长的作品，作者留下它时已经接近完成了，因为校样工作和印版都做完了。这是在作者的亲自安排下，于他生命的最后几年内实现的。

自传片段可以追溯到较早的时期。家人经常敦促作者采取一种个人观念转变的形式来表达他的宗教哲学。但是，过于自我的分析相比于指出客观的结果并不对他的胃口。因此，尽管他多次坐下来做自传的工作，却又总是拉开长时间的间隔。而那部《社会：人获得救赎的形式》（*Society: the Redeemed Form of Man*）和现在第一次出版的这个东西一样，都是在自传工作开始后写的。进行忏悔的斯蒂芬·德赫斯特（Stephen Dewhurst），被认为是一个完全虚构的角色。他对于少数私人内容与地理事实已经在脚注中进行了纠正，因为对于詹姆士先生而非他想象出来的代言人来说，这些信息反而是真的。这些片段的排版速度和写作速度一样快，校样保留了下来，并做了很多修改。大量的手稿被修订。编辑在印刷时有一些自己的考虑，有些段落被打散了。可能没有人在阅读这里印刷的东西时，会不带着深深的遗憾，因为作品没有完全涵盖作者往年的生活时光。为了弥补这一损失，我想要在这个导论后

---

[1] 出自：*The Literary Remains of the Late Henry James*（《亨利·詹姆士遗作集》威廉·詹姆士导论版）. Boston: Houghton Mifflin, 1884.

面加的引文中补上所有自传段落和参考文献，这些散见于他的其他作品中。

至少目前，大家还是认为，詹姆士先生留下的讲座手稿和其他片段最好还是不要发表。在这卷书中，他为期刊所写的作品中，只有一篇讨论卡莱尔的文章收录其中，重见天日。之所以有这么个例外，收录这篇文章，是因为在其一开始发表的时候，文章就受到了意外的“欢迎”。

在我看来，向世人展现这些遗作，不仅是作为子女应尽的孝道，也是一项哲学使命，同时我还要为这些著作写序言，向那些不熟悉作品，又想要了解这些作品的读者，解释作者一些可能引起他们关注的观点。我本希望有一个比我能干的人来做这项工作。事实上，我必须坦陈我自己能力上的不足，尽可能基于原文让我父亲的文字为他自己发言。实际上，将他自己直接陈述的东西做修改转述是很愚蠢的。事情自然不会那么顺畅，从他文学生涯的开端处，我们就发现他颇为轻松地拥有了这样一种读者很快就会熟悉的风格，其中有着抑扬顿挫的庄重，丰富而又平易近人的用词，并将这些组合成一种内在的、令人怦然心动的人性特质：亲切、柔和、准确、炙热、辛辣、语气诙谐，让人更多想起旧时那些英国大师的多愁善感，而不是今日美国人具有的风格。

不过，尽管风格丰富多样，观念却始终如一。可能很少有作者将一生都献身于单调地阐述单一的真理。无论何时，当人们的目光落到詹姆士先生的文字上，不管是一篇写给报纸的文章还是一封写给朋友的信件，不管是他最早的还是他最后的作品，我们都能够发现，他一遍又一遍地说着相同的事情，他告诉我们人类与其造物主之间的真正关系。他一定要说出这一点，这乃是他整个生命的重担，也是唯一的重担。当他立刻将其说出时，他对形式上的不充分感到不满（他总是不喜欢他过去那些书中的见解），他会让他自己继续把这个再说一遍。但是他从未在一个特定的立场之外，去分析他自己的术语或者他的材料，也几乎没有做什么根本上崭新的区分，因此所有这些重新编订的结果，就是重复、放大、丰富，而不是重建。因此，任何一部他的作品的研究者都知道，其他作品中本质性的东西是什么。不过，我必须要说，他后来所采用的形式如果并不是在修辞性上是最好的，那就是在哲学上最好的。作者在中风带来的残留后果还没消除时，就写了《社会：人获得救赎的形式》，其中，出现了之前写作中从未出现过的一些段落。而在这里出版的这部作品中，尽管大多数内容是在我父亲的日常精神力量被精力衰退（这一直持续到他去世）困扰时所写的，但我还是怀疑他早先的读者是否会发现其中有理智衰退的蛛丝马迹。他的真相就是他的生命，它们是他病床前的陪护；当其他的一切慢慢隐去，他对这些真相的把握依然确定、有力。

如上所述，这是一些神学上的真理。我们都知道，这是一个神学的时代，也正是因为它让自己完全成为神学的，它才变得越来越不相信以教条式的抽象形而上学为目标的一切体系，或者那些自称自己在术语使用上非常严格的体系。我们发现在旧有的教条式套话中有一些传统默许的东西，它被限定在那些理智上没有足够活力的人身上，他们不能理解或者讨论一种崭新的、不同的信条；同时，有着理智活力的我们要么以各种方式充斥着反对有神论的偏见，要么即使我们是有神论者，一种直接、粗鲁、武断的有神论观点也会让我们头皮发麻，从而让我们只敢以一种踌躇、哀怨的方式坚持有神论。一个像我父亲这样的人，以独立于其时代与情境的方式，在这个时间点亮了火光，尽管很快被束之高阁，无人问津。作为一名传教士，他并没有带来什么效果；但他在荒原之中呼告的声音，尽管没有回声，却依然壮阔优美，也不会因为单纯的沮丧而消失无形。我的父亲可不会灰心丧气，他会保持安静祥和、积极乐观直到最后，这既证明了他心灵的刚毅，也证明了其信条对人的慰藉作用。有多少不认识的人会从他的写作中得到帮助和建议，这不好说。完全相信他的信徒非常少，而他们也很少称自己是他的信徒。但尽管人很少，他与他们的交流依然是他主要的慰藉和消遣。

我经常会想象，如果父亲出生在一个真正神学的时代，他会是什么样的形象，他最好的思想是激起对神的神秘性思考，还有大量关于神与人之关系的定义、理论、非理论的东西，大量艰难的推理和辩论。如果可以在一种投缘的氛围中，被充满同情心的同道推动前行，提出反对意见的不是盲目无知者，而是热切、坚定的反对者，他定然会以各种方式，以他从未尝试过的方式，开发他的资源。在那个斗争的年代，他可能会扮演一个卓越，甚至是重要且关键的角色，因为他是一个宗教上的先知与天才——假如有先知与天才的话。他提出了一个极其正面、极其根本和新颖的关于上帝的概念，也提出了一种极具活力的，我们与上帝之关联的看法。没有什么比这个观念被如此果决地摒弃，却没有在死水中激起最微弱的震颤，更能说明我们这个时代职业神学家的毫无生机与缺乏理性。

他对事物的全部观点的核心是，上帝作为创造者的强烈观念。承认它，接受它而不去批评它，其余的则是后面的事情。他并不想通过形而上学或经验论证的方式来使上帝的存在合理化，他只是将其视为必须承认的东西。正如在最近的一本小书[①]中所说的那样："詹姆士先生本能地从创造者的角度看待创造物，这有使他被其读者排斥的可能。通常的问题是：由于有创造物，需要找到创造者；但对于詹姆士先生而言，是由于有创造者，才让我们去寻找创造物。上帝在那里，他的存在是毫无疑问的，但问题是我们是谁，我们又是什么？"

在以任何可能的形式对有神论持怀疑态度的人那里，这个基本假设自然成为障碍。但很难理解为什么它应该成为表面上自称为基督徒的研究者的障碍。他们也承认上帝的存在。人们会认为，詹姆士先生采取的严肃认真的方法，以及他在其中解读的话题，应当以一种现实的口吻向他们言说，像那些早期的犹太先知一样，像最新一本关于天才的著作中所描述的路德一样[②]。他如此深刻地回到过往，以最纯粹、最简单的形式探寻宗教情感。他像一个清楚并非自己塑成自己，而是有一种力量塑成了他，让他从此刻活下去的人那样生活着，这种力量让他能为所欲为。他的理性影响了他对这种力量存在的感觉，从而形成了一种最根本、最自洽，也最简单、最善良的体系。我很轻松就可以给予读者一个关于其主要要素和框架到底是什么的观念，然后通过引用作者原文的方式，我试图对此做出一个更加充分的表述。

---

①J.A.Kellogg. *Philosophy of Henry James*: *A Digest* [M]. New York: John W. Lovell Company, 1883: 4–5.

②J. Milsand. *Luther et le serf-arbitre Passim* (《路德与不自由的意志》) [M]. Paris: Fischbacher, 1884.

它与许多理论有不同的亲密关联。在某种意义上是乐观的，在另一种意义上是悲观的。泛神论、理想主义和黑格尔主义是读者口中很自然用来描述它的说辞；然而，这些说辞所暗示的东西中，总有些部分是我父亲即使在他们强词夺理时，也拒绝屈服的。进化的自然主义所具有的关于日常经验的伦理学能够在这个系统的羽翼下得到完美庇护，与之紧紧相伴的是自然人所必需的死亡和超自然救赎，这比我们在大多数福音教派新教教义中找到的都要彻底。它是二元论，但也是一元的，它是唯信仰论，但却是克制的。主张无神论（正如我们很可能说的，即，上帝被吞噬在人性中）是上帝奇迹的最后一个结果——这就是其中一些最根本的方面，本质上是非常简单而和谐的世界观。

在作者的脑海中，这一切都源于两种感觉，见解和信念——无论人们喜欢怎么称呼它们。首先，他觉得个人本身并不算什么，他是怎样的人，他所拥有的东西，归根于他所继承的人种特性，归根于他生于其中的社会。其次，他不屑于承认，即使只是作为一种可能性，伟大而充满爱心的创造者，拥有所有的存在和力量，把我们带到如此之远，却不带领我们通过和越出，最终离开凡间，直至进入最成功的和谐之境。

从现在开始，我恳请读者，不要抱着强烈的批判心态，来听我磕磕巴巴的阐述。不要对术语斤斤计较，或者在逻辑上吹毛求疵！如果你是一个实证主义者，不要因为对亚历山大式的神智学感到厌恶，并好奇这样的大脑运作怎么还能在今天著书立说，就迅速扔下此书。我父亲自己也对任何抽象地陈述他自己体系的做法，感到厌烦，在这一点上，大多数的实证主义读者并不见得会超过他。我不会说他所使用的这些术语的逻辑关联不需花力气思考。实际上，它们比所见的更像是一个有机结构。但他观念的核心部分总是直觉和态度，是某种在一刹那被意识到的东西，如同胸中燃起的火花，所有想要对其进行口头表述的形式化处理，或多或少是一种最后无能为力的权宜之计。这就是为什么当它被说出时，他轻视所做出的所有形式化描述，这让他自己处于西西弗斯的工作状态，总是去生产一种似乎并非无关紧要的新东西。我还记得，当于此路途上挣扎前行时，我听到过他的呻吟声："哦，我可能会咆哮出一个最简单的感叹，而它会说出全部，然后我一句也不会再说了！"但他还是屈从于某种必要性，甚至到最后，也没有什么作家会比他更唠叨了。从那时起，他试图以尽可能简单的、天真的、富有经验的方式进行思考，而被造物的消极性与匮乏性（这确实是我们日常生活中感受到的真理的一部分）[①]，就成为创造问题中一个根本性和首要的因素。在詹姆士先生的文本中，它扮演了一个积极和动态的角色，也是一个会让我说出如下话的因素：在描述他们所提出的准则时，"黑格尔主义"是一个极为自然的说法。黑格尔有时候说，神一开始创造出了幻象，以便能够消除它；这确立起了他自己学说的对立面，让他可以在之后进行中和。这也很好地描述了詹姆士先生所勾勒出来的创造过程，我们只要记住一点，存在之虚幻舞台的初步搭建是创造者强加的，因为对他而言，积极巨大的空虚是他的对立面，是他必须着手解决的问题。

通常的正统创造观是，耶和华完全用之前纯粹的虚无来造出宇宙；他的命令将之击落在时间和空间的白板上，在那里它还是其自身。詹姆士先生总是嘲笑这种简单、直接和"神奇"的创造是一种孩童般的想法。真正的虚无不能迅速成为现实的所在，无论先来填充的是什么，它都必须搅乱自身那"深邃的贫乏"，并将其还原为一种虚假的状态，或者是投射在黑暗空虚之上的一幅不真实的幻影图像。

---

① 从经验上讲，我们知道我们是一种缺少、匮乏、死亡，最终无助的生物。我们中间哪一个人不会有时"抬起苍白的脸向上帝祈祷，以免某种可怕的灾难吞噬了他最美好的希望？我们都没有真正的自我，没有得自上帝的自我。我们只有那狡猾的、谬误的自我……这完全不足以保证我们不受灾难。我们在每一缕清风中瑟瑟发抖，在太阳前掠过的每一片云彩面前目瞪口呆。当我们的船只……在海上沉没的时候，我们所听到的尖叫声，从苍白而疯狂的嘴唇里发出，充斥着忧郁的旋律，涌动着阴沉和同情的气氛，持续了数月之久。当我们的孩子死去，带着那满溢的天真无邪回到天堂，那是我们堕落的成人所无法接受的。因此，我们不知道如何去庇护，当我们的朋友离去，当我们的财产耗尽，当我们的理智在其宝座上摇摇欲坠以垮台来威胁我们，谁是强者呢？事实上，如果他在这种情况下独自待一会儿，也就是说，如果他不顾日常生活和传统、坚持自己的立场，准备放弃上帝而走向灭亡，他会是谁呢？我们对生活的厌倦和普遍的厌恶也是如此，它导致每年有那么多受苦的灵魂走向自杀，它驱使那么多温柔的、渴望的、具有天使般的天性者去喝酒、去赌博、去疯狂、去做毁灭性的各种放纵：除了默认的誓言（这是上帝可以听见的），我们什么也不是，我们是空虚的，我们是绝对无助的，直到上帝怜悯我们，把我们和他鲜活、永恒地结合在一起，我们才能得到祝福和安宁。难道不是这样吗？"——《基督教的创世逻辑》（*Christianity the Logic of Creation*，pp.132–134.）

然而，创造性能量与空虚相互作用的第一个结果可能是，由于自身的朽败，它成为朝向另一个运动的反弹面，成为创造现实结果的反弹面。因此，创造由两个阶段组成，第一阶段仅仅是第二阶段的脚手架，后者才是最后的工作。詹姆士先生的术语在关涉这两个阶段时有些飘忽不定。总的来说，“塑成”是他最经常应用于第一阶段的词，而“救赎”则是应用于第二个阶段的。他对此事的看法显然完全不同于自然神学和犹太《圣经》教导的那种简单而直接的过程，而是与基督教方案中的复合运动在形式上是一致的。

所有这些说起来都非常简单，但它涵盖的事实是什么？詹姆士先生说得非常玄妙，自然对他来说是形式的运动，是虚无自身的第一次震动；而社会是救赎的运动，或者是神已经完成的精神作品。

现在，在詹姆士先生的著作中，“自然”和“社会”都是具有特殊和复杂意义的词语，因此需要对刚刚提出的断言做很多解释。如果我正确地理解了我们的这位作者，“自然”和“社会”在实质或材料方面完全没有区别。他们的实质是创造者本人，因为他是宇宙中唯一的积极实体，其他一切都是虚无[①]。但它们的形式不同，因为“自然”是创造者沉浸、迷失在虚无中时的自我肯定和障碍；“社会”是虚无被救赎之后，同一个创造者决意打开澄明，并自我告解，使那赋予生命的光芒在全世界播撒游历。

这两个词所涉及的问题是人性与构成人性之条件的总和，这几乎是现象经验世界的全部——无机物、植物、动物、人——自然在此处会聚；而社会，人的道德与宗教意识在此处开始。这就是为什么我说，这个系统可以是一个宽容待客的房屋，自然进化论中可能曾经说过的，关于人的所有东西都可包含其中。根据这两个原则，对人的道德和宗教而

---

① 这就是为什么我说人们可以称这个系统为泛神论。詹姆士先生谴责泛神论，因为他认为它排除了二元论，甚至是其中的逻辑元素，它以一种简单的向外运动而不产生反冲的方式来表现神性。但这只是一个字面上的定义。有人可能会说，他与泛神论和普通有神论的区别，在于后者认为创造本质上是由一个原始的存在变成两个，而就詹姆士先生而言，它更像是最初的两个结合成为一个。

言，他关于自身的意识，他的道德良知，和我们所看到的其他东西一样都是自然的产物。对詹姆士先生而言，现在，自我的意识和良知，乃是创造进程中转换的关键节点，它缓慢地从其形式和自然的方面，过渡到救赎和精神上的均衡状态。我所说的这些，对于不了解起源的人来说，依然模糊不够真实；但是稍有一点耐心，事情很快就会变得清晰起来。

什么是自我意识或道德？什么是良心或宗教？——因为我们的作者总是成对地使用这些同义词。这些术语起初令人困惑，其形而上学的结果也十分含混。虽然道德和宗教的东西，可以说是上帝本身的能量和存在，但在道德中，存在是完全的，而在宗教中，存在是部分的，以一种谎言的形式呈现。让我们从自然和神话的角度考察这点，以便理解。请记住，对詹姆士先生来说，仅仅是不可抗拒的“砰”的一声，根本不是创造的过程，真正的创造，除了真正给本质的虚无带来生命之外，别无其他意义，而本质上的虚无是上帝永恒的对立面，因而，实际上这是一种正在进行的对虚无的处理工作。那么，上帝必须在虚无中工作，但那无端的虚空又如何被锻造加工呢？在进一步具体化之前，它必须首先被激活和加速，成为它自己的某种实体，从而得以存在和具有表象，而不仅仅是具有逻辑的和本质的形式。因此，上帝首先必须创造一个存在，这个存在的另一个起源就是虚无，而其自身中也包含着虚无。长话短说，上帝的第一个产品是一种从属于自我意识或自我特性的自然，也就是说，一种本质上是善的自然，它是神圣的，但有很多人却以利己主义和无神论[①]的方式，占有善并将善与他们的私人自我等同起

①“也就是说：人们相信上帝是造物主的唯一障碍是他们不能相信自己是被创造的。我的自我意识，我的个人情感，我对自己生命的感觉，是绝对的，是自然的，不受任何其他因素影响，这是如此微妙和强大的无神论，无论我被教导如何忠诚地坚持创造只是一个传统或传奇的事实，我个人从来不倾向于相信它，除非是由于某种深刻的智力上的屈服，或者内心无望的烦恼。这件事在我心里产生的影响是如此之大，我意识到我的个人生活是如此的丰富多彩，至少就我而言，我很满意，我的自我意识一定会以某种微妙精巧的方式受到伤害——发现自己其实濒临死亡，是我唯一能够相信的死亡——在任何真正的精神复苏对我而言完全可行之前。”——《社会：人获得救赎的形式》（*Society the Redeemed Form of Man*，pp.165–166）。

来。这些人的自私是蛇对受造物的尾随，古老虚空进入生命之中。它否定了——因为它完全颠倒了——上帝自己的能量，那是未稀释的利他之爱，它截断了他那不偏不倚流动的真理。这是一个彻头彻尾的谎言。然而，只有在作为“人类伟大而真诚的创造者”那厚重的、不容置疑的面具下，谎言才能逐渐驯服我们的本性，并从真理那里将我们争取过来。

每当我们从谎言中挣脱时，这种情况就会发生；因为在这种情况下，放弃谎言与承认真理是同一种有意识的行为。“我不是什么实质性的东西，我是一切的接受者”，在这种思想里，我和造物主都扮演了重要的角色，我们是完全和谐的，有着可信赖的外表。因此，它是精神生活的门槛，而不是其阻碍和拦截，它欢迎和推进所有神圣的爱，而这种神圣之爱可能存在于被创造家庭之中的每一个成员那里。

使人挣脱出来的是良心和宗教。在我们之前的哲学认识里，这些被认为没有别的功能，只不过让充满谬误的自我陷入死地。他们没有积极的价值或品格，只是扫清道路的人。它们没有带来新的内容，只是允许已有的内容以一种新的、更真实的形式存在。我们每个人的天性都被骄傲和嫉妒蒙蔽了双眼，被排他和利己主义弄得麻木不仁，这是一件事——此外，它的命运由教会和国家来控制，它的悲惨和不和谐的历史我们是部分知道的。这些同样的事实，在良心和宗教起作用之后，削弱了自我的幻觉，以致人类承认他们的生活来自上帝，他们相互爱着如同上帝爱他们一样，没有专属的私人关切，他们会形成地球上的天国，恢复某种至今还没有人知道的社会秩序。简而言之，上帝最终将以一种不再与他的性格相矛盾的形式完全地化身呈现，詹姆士先生与斯韦登伯格一起称之为“神圣–自然的人性”。上帝真正的创造物是聚集的人类。他对我们中间一个人的偏爱不可能比对另一个人更多。未被救赎的社会形态和新生的社会形态之间的唯一区别是，在前一种情况中，构成部分不会依照这种真理发生关联；而在后一种情况中，这种态度是他们最自然就会采取的。一旦开始，一种物质，通过最终找到一种真正的形式来解脱自己——这就是过程！没有任何一部分在某种别的意义上是“丢失”

或被“保存”的，它要么阻止，要么推进那个人与人之间由上帝开始的生命浪潮的传递进程。

在大多数人听来，这可能是一种很薄弱、很冷硬、很神秘的东西，尤其是“神圣－自然的人性”，因为它摒弃了自私，就像任何其他由富于想象力的人想象出来的天堂一样，显得很浅显、很平淡。这是试图用故事的形式、用说教的方式清晰地表达的必然结果，而其源头更像是灵魂的直觉、情感或态度。这一问题应立即通过引用詹姆士先生本人的话加以充实，以使读者理解，因为它依次涉及方案的各个要素。不过，如果允许我在这里发表意见的话，我得说，这个计划并不是以一种连续的形式在詹姆士先生的思想中占据主导的位置。我猜想，他的真理信念最强烈的时候，就是人类生活麻木的时候。此时，感觉变得病态和模糊，似乎它被心中的无限充盈、占有与不真实、贫乏之间的对立争斗所导致的奇怪、不自然的狂热永远地破坏了。就在这个时候，有一种声音出现在他心中，并且大喊：“这必须停止！善良的人，善良的人，真的在那里，一定要看到它自己！哪个是它自己呢？难道是这个爱发牢骚的篡夺者，妒忌我，不甘心失败，把我折磨得要死还喜不自禁的人？才不是呢！它是一种更甜美、更大、更天真、更慷慨的生命容器，不是那种苍白、撒谎的东西[①]。只要把那个拿开，另一个就可以进来。必须想办法把它移开，因为上帝本身就在那里，他的目标不可能永远落空——尤其是面对像这样一个障碍！他必须以某种方式，并基于某种永恒的需要，把天国带回来！”

我只在这里说一次，天国以这种深刻而简单的方式被假设，然后更明确地被表达为“神圣－自然的人性”。在我父亲的书里，到最后只剩下一个假定或一个计划，他并没有对其进行任何具体的补充。如果

① 一个人的精神知识越提高，他对自己作为一个纯粹的精神流浪者和不可救药的流浪汉的轻蔑就会相应地增加。我们完全可以容忍一个未经教育或没有经验的孩子，在用木屑和夏枯草制成的玩偶的陪伴下，把它看作在精神上是有生命的，但人不能容忍有经验的人或教士对自己毫无价值的自我形象产生同样的幻觉——其中甚至连一片木屑和夏枯草都没有——并认为神除了将神性和不朽的生命赋予那死去的、腐败的、臭气熏天的东西之外无事可做。——《新的独立教会》（*New Church Independent*，September，1879，p.414）。

上帝真的存在，这就是必然会发生的事情——我们应该归于上帝的力量和他的爱，任何一个对上帝的存在有感觉的人都会嘲笑做出假设时的犹豫不决。而且，这个王国不是由别的东西构成的，而是由人的本性构成的，但这只不过是另一种称颂罢了——这是对人类忠实于其心中存在的、善的真实神性的赞颂。在1842年到1850年之间，当詹姆士先生的想法通过阅读斯韦登伯格得到确定的时候，他也开始对当时社会主义的风起云涌感兴趣，特别是对傅立叶[1]的著作感兴趣。他的前两部作品认为，通过将激情与和谐的社会服务相结合，通过社会主义组织的发展，可以取代旧的教会和国家制度，而神圣的自然人性将诞生出来。从那以后，他经历了许多失望，他都将之与大家分享了；尽管傅立叶的体系从未从他的脑海中消失过——至少作为一种可能被救赎的生命的临时替代物，但我想，他终于不再计较细节问题，而是愿意把全部重担都压在上帝身上，而上帝一定会在一切条件都满足之后，正确地安排一切。

现在我将让作者尽可能多地为自己说话。也许最好的开始方式是，从众多的段落中挑出几段。在这些段落中，作者简明扼要地根据其自身的内在逻辑陈述了创造问题所包含的必要性：

“没有什么比一个造物者的概念更能引起强烈的对立了。创造是一回事，被创造是与之完全相反的。一个人的本性是什么？它是一种可怜的匮乏或贫困。被创造就是在一个人的自我里所没有的东西，而在另一个人里却拥有它们；如果我是一个无限造物主的造物，那么我的需要当然也是无限的。事物的本质是事物本身，而不受外来干扰。很明显，被造物在他自身和在造物者之外是完全的虚无，也就是说，完全的欲求或贫困，这是所有事物的匮乏——无论是生命、生存，甚至是存在。因此，赋予被造物以自然的形式或自我，只不过是让他自身的无限虚空充满生机；这仅仅是在创造性的完满方面，以活的形式组织他所处的普遍贫乏

① 查尔斯·傅立叶（François Marie Charles Fourier），法国著名哲学家，经济学家，空想社会主义者。

状态。”[①]

①《斯韦登伯格的秘密》(*Secret of Swedenborg*, p.47)。这里可以给出另一种描述——

“斯韦登伯格的学说概括地说就是，我们所称的自然，假设它看起来就是这样，那事实上，它既是严格意义上的人，又是严格意义上的神，同时又是生物本质需求或有限性，以及造物主的本质充实或无限的公正呈现……

“在所有真正的被造物中，造物者通过给予被造物绝对存在这一事实，让自己与被造物沟通——让自己在其中——不沉沦到被造物中，而被造物因为他给了创造性力量以表现其创造形式或者说让其呈现，一定会把造物主吸收到他自己里面去，把他当作他自己一样加以利用，以有限的自我中心的形式，把他那无限的或不受玷污的爱以各种方式再生产出来；所以造物者越真实，被造物就越真实。根据斯韦登伯格的观点，在这种不可避免的沉浸中，创造意味着以创造的形式存在，我们有了自然的起源。它必然产生于被造物所承担的义务，即占有造物者，或在他自己有限的面容中再造他。它公开地献身于无限与有限、造物主与被造物之间的秘密婚姻。通过假设或创造，造物者给予被造物唯一和绝对的存在；因此，除非被造物与造物者之间产生共鸣，或对造物者做出反应，否则后者将不可避免地吞没他，或将他消灭……因此，在造物者和被造物的等级婚姻中，我们称之为创造的东西中，造物者通过自发地认为自己是次要的或隶属性的，把被造物置于首要地位；这才给予他绝对的或客观的存在，事实上，他自己只会委身于此种创造形式中。……

“因此，这是神圣-自然的人性之真理的一个必然的含义，即造物者把看不见的精神存在给了被造物，而被造物反过来又把自然的形式——看得见的存在——给了造物主；或者，更简单地说，当造物者给被造物以实在时，被造物给了造物者以现象。换句话说，我们仍然可以认为，当造物者在创造中提供了必要的或适当的创造要素时，被造物也提供了它现存的或适当的构成要素——没有这种要素，它就不可能表现出来。大自然是造物者和被造物之间这种无休止的相互迁就的证明，这枚婚戒证实并奉献于无限和有限的不死婚姻。因此，尽管它的现实性对于感官来说是丰富和专横的，但对于理性来说，它却如同人的影子对于镜子一样是空虚的。事实上，它只是自身的外在形象或影子，由内在世界或精神世界投射到我们基本的理智之镜子上。因为任何对象所投射的自身的影子或主观形象，必然会以相反的形式再现对象，所以自然作为上帝的客观和精神创造的主观形象或影子，就完全是精神秩序的倒置；此时展示造物者的丰饶，却为被造物的欲望所掩盖，造物者的完美被遮蔽。精神的或创造的秩序确认每一个被造物与每一个其他的被造物，以及所有被造物与造物者的本质统一。因此，自然的或创造的秩序必然表现出每一生物与其他生物的偶然或现象性的对立，所有被造物与造物者之间的对立，以及所有造物者之间的偶然或现象的对立；否则，其在精神世界中没有足够的立足点或支撑。……

“这件事情的逻辑是无法改变的。如果创造在它的顶点是一个造物者与被造物之间确切的实际等式，后者的负号严格地等于前者的正号，然后，它在必要的基础上整合了被造物部分的经验范围。在这种情况下，他可能会觉得自己与造物者完全隔绝，被自己的源头所抛弃；总而言之，这是一种经验主义的存在范围，它可以明确无误地把他和一切较低级的事物联系起来，从而疏远了(即使他自觉地成为另一个人)他的创造者。因此，在斯韦登伯格看来，创造，在它的最远点，是一个关于造物者的完美和被造物的不完美的僵硬等式，这对于一部自然历史是必须的，或者它是一个临时的投影平面，在这个平面上可以将其方程应用到最确定的问题上。”——《斯韦登伯格的秘密》(*Secret of Swedenborg*, pp.22–30).

“因此，如果创造的爱对它的造物允许自我统一体或自我的存在——对赋予他道德意识——感到犹豫，它就会阻止他所有有意识的生活或欢乐，而只给他一种植物的存在形式。创造，为了允许造物者和被造物之间有真正的交情或平等，要求被造物做他自己，自然地呈现给他自己的意识，而他不能这样被假定说，正是创造性的爱使他本质上的匮乏生动起来，并以活的形式把它组织起来，通过在被造物心中产生的经验，为受造物对非受造之善做出任意程度上的精神反应奠定基础。

“那么，人们一眼就可以看出，一种创造的事物对造物者来说是多么的不可信，而对被造者又是多么的有害——如果被造物自身就是有所短缺的，也就是说，仅仅满足于给予被造物自然的自我，或者与造物者对抗。再没有比这更可怕的了：设想一个被造物，它的结局是表现出它的两个因素的主观对立，而不考虑它们随后的客观和解；它表现出那动物的抽象本性所附带的每一种贪欲，这种贪欲已被无限放大，而那无助的动物自己却同时成了它本性无边无际的牺牲品。”①

“因此，对于斯韦登伯格在这个问题上的学说，我不想辩护，相反我衷心地为它喝彩。我完全同意他的观点：救赎而非创造宣告了神圣之名应有的荣耀。创造不是也不可能是神与我们交往的最后话语。它至多具有一种严格的主观功效，使我们有自我意识。它不是一种客观的价值，能让我们与一种神圣完满的精神流通。自然地被创造——被创造成上帝的形象——除了在精神上与上帝相似外，什么都不是。关于形象的法则在主观上是要改变它原来面貌的……要在精神上像上帝，就是要在内心消除这种对神圣完美的主观倒置，在这完美中我们发现自己是自然生成的或被创造的，并依照我们在历史上重新生成或被再造的方式，来将它直接或客观地呈现出来。”②

“简而言之，你看，我们的自然创造离作为神的精神之子是多么遥远，因此，如果他愿意在精神上把我们与他结合，使我们从自己的本性中得到救赎，这一义务完全取决于他。这伟大救赎，怎样能成就呢？由于这种情况本身的性质，它的演化范围被限制在被创造者的意识之内，

---

① 出自《斯韦登伯格的秘密》（*Secret of Swedenborg*，p.132）。

② 出自《斯韦登伯格的秘密》（*Secret of Swedenborg*，p.48）。

因此，创造者绝对不能命令任何机制来影响它，毕竟机制并不仅仅依赖意识的力量。”①

自我本身的悲剧性演化，“对人类生命的限制，表面上是一种不可思议的恶毒”，实际上是唯一需要的工具，但它的悲剧不久就会发生。“事实上，这是我们生来就有的、完全不引人注目的关于自我或自然生活的事实，因此我们不要去考虑它，只要把它当作理所当然的事情来接受，而这本身就是永恒的创造奇迹。我们自己几乎可以随意改变存在的状态，可以改变现有事物的形式，即可以将自然形态转化为人工形态；但我们不能赐予生命，不能使这些人造的形体自觉或有生命。我们可以把一块木头变成一张桌子，把一块石头变成一座雕像；但我们的工作并不能反映出大自然的活力，因为我们自己并不是先天地拥有生命，不可能把生命传递给我们的双手。我们为生命塑造了一个美丽的肖像，但雕像却永远无人问津，永远对形成它的爱无动于衷；简而言之，永远昏迷或死亡。

“创造性活动的精彩之处在于，它甚至使这个雕像本身也充满生机，它的产品不是冰冷的无生命的雕像，而是一个活的、呼吸着的、狂喜的人。简而言之，永恒的奇迹是上帝能够把自己给我们，同时赋予我们有限的自我；这让我们与他如此的不同，如此完全自由，让我们自己的意识如此不受束缚，以至于常常能够认真地怀疑，也经常去否定他的存在。我所说的这个奇迹，除了我如下声称的原因以外，在任何情况下都是完全无法解释的：上帝的爱是无限的，他不会让他那未被创造出来的辉煌在他的创造物的面容上被掩盖住，不会让他把自己羞辱为最低等的生物般愚蠢和邪恶，这让受造之物能因此而自由地或在灵性上提升到非经如此便无法达到的崇高智慧与善性的高度。

“我不要求我的读者迁就这种说法。我的意思是，创造绝对取决于神的能力，他能将自己降低到被造物的水平，降低到被造物的自然维度。语言无法把我在这个问题上的坚定信念描绘得过于生动。如果仅凭他的被造物身份就能证明他自身没有生命，那么造物主只能把他从这种内在的死亡中拯救出来，把他提升到自己的高度。造物主首先向被造物低头，也就是说，允许自己固有的无限性或完善性被对方固有的有限性或不完

① 出自《斯韦登伯格的秘密》（*Secret of Swedenborg*，p.57）。

全性所吞噬，而决不可能与对方的有限性或不完全性发生丝毫的冲突。因此，当我吸气或执行任何自然功能时；当我看见、听见、闻到、尝到、摸到时，当我饥渴时，当我思考或认识任何真理时，当我激情洋溢时，当我对我的同胞行善或作恶时，我在这些事情上的能力完全归功于伟大的真理……上帝对我的爱是无限的，也就是说，他没有加入任何对自己的爱，这允许他在我意识的整个周边，身体、智力和道德中有效地掩藏自己。他为了我的利益，把自己完全抹杀了，我不禁觉得自己是绝对存在的，是与他不相关联的。而且，我享受一种自觉的能力，不光要做与他在我身上呈现的终极福祉相一致的事，而且如果我愿意，还能以各种方式快乐地做各种亵渎的、有害的和肮脏的行为。”[①]

“如果创造真的要发生，就没有别的选择。创造性的爱要么必须放弃它的无限，从而放弃创造，要么，它必须坦白地屈从于大自然所创造的一切，也就是说，它必须同意从自身无限的爱转变为被造物完全有限的爱”，也就是爱自己。“这是唯一真实的或哲学意义上的创造概念，也就是说，把你自己抛弃到不是你自己的地方去，这种方式是如此亲切和诚挚，以至于你从此将完全消失在它存在的范围之内——将在表面上从其整个人格之中消失不见——只有它才会独自出现。神的创造物也不例外，这条律法甚至不要求被造之物出现，除了创造者在他的主观意识领域内实际或客观地消失之外，除了造物主变得客观地融合、模糊、淹没之外，也就是说，融合、模糊、淹没在被创造的主观性中。”[②]

在其他地方，同样的真理也可以以一种方式表达出来，这种方式在

---

① 出自《本质与阴影》（*Substance and Shadow*，pp.82–84）。

②“因此，在哲学上，我们无法解释人心中的自我，除了假设它是一个被囚禁的无限精神实体的面具，它在我们的自然天性中最终获得自由：一种物质，其适当的能量不断地从自身出去，或与非自身的事物沟通，与自身确实无限陌生和厌恶的事物沟通，并以自身的形式无限、永恒地居住在那里。这也就是说，神性或本质就是爱，这是没有丝毫自爱抵消或限制的爱，总之就是无限或创造性的爱。因此，它以纯粹自发的或无限的方式，而不是以自愿的或有限的方式，与被造物沟通，在某种程度上，可以说是势不可挡的激情。所以我们实际上不受限制地使用它，与之相反的，我们能敏锐地感觉到它是我们自己无可争辩的存在，感觉它实际上是我们最内在、最重要、最不可分割的自我，毫不犹豫地称它为我和我的，你和你的，把它当作我们骨中之骨，以及我们肉中之肉，并且无法自制地为它放弃一切。”——《社会：人获得救赎的形式》（*Society：the Redeemed Form of Man*，pp.162–163）。

普通人听来可能几乎具有令人反感的、似是而非特质，但只有这样才能充分揭示其意义的深度。

“造物者与被造物是严格相关的存在，后者冷漠地暗示或包含了前者，而前者则勤勉地解释或发展后者。事实上，造物者是关系中的下级，而被造物是关系中的上级；虽然在外表上，这种关系是相反的，人们认为造物者是首要的和居于控制地位的，而被造物是次要的和从属的。真相就被这样羞辱，经历了这些抹黑，因为我们生来就不把神当作圣灵来认识；但也只有像我们这样的人，才会残酷地忽视神的力量和方法。无论如何，这都是一种羞辱。因为只有造物者才真正赋予我们主观的结构，只有这样，我们在自己看来才是绝对存在的，才能永远把客观的实在给予上帝[①]。因此，创造并不是上帝在空间和时间上表面实现的某种东西，而是他在人类本性或人类意识的范围中内在创造的某种东西，一种由他的爱主观地构想出来，由他的智慧耐心地承担或阐述，由他的力量艰难地带来的东西；就像孩子是由母亲主观地孕育、耐心地抚育和艰难地培养出来的一样。创造对上帝来说不是轻快的活动，而是一种忍耐或痛苦。它不是炫耀式的自我确证，不是炫目的炫耀魔法、非理性或不负责任的权力；这是一种无休止的贬抑，或者让他自己对被创造之意识不再有最低限度的要求。简而言之，它不是我们所愚蠢地设想的有限之神的行为，给予被造物那造物主自己客观或绝对的投射；它确实是一种无限的神圣激情，在赋予它的被造物主观的或现象的存在时，设法把他的这种暂时的存在变成客观的或真实的存在，而这是通过自由地赋予被创造之自然以他自身的爱、智慧和力量构成的盛况而达成的。”

这两种观念，即上帝充满无限耐心地依从于我们，和我们内在的虚无，形成了詹姆士先生人生观最深刻的源泉。对于上帝为自己的荣耀而创造的基督教神学这一神圣观念，他没有说过任何鄙夷的话；当他为自己关于神性的观点辩护时，其言辞中的激情一定会给人留下深刻的印象。

以下是一些相关的段落：

“我们很容易就能找到这样一个节日中的上帝，他太自私了，连自己

---

① 即，作为有效的创造者。这段中有不少内容被省略掉了，这些内容可以在《斯韦登伯格的秘密》（*Secret of Swedenborg*）中找到，见 pp.185–186.

创造物的弱点都不愿过问。这是一个无事可做却因上亿年前的创造工作而受到殷勤款待的神。据说这件事使他付出了代价，既不是痛苦，也不是耐心；既不是感情，也不是思想；而只是说出一个戏剧性的字眼。它因此乐于接受我们庄严的周日礼敬，就我们自己来说，我们毫不知情地被卷入其中，而对他来说这些责任被如此简单地宣布，却又如此严苛地冀望于他。几乎每一个教派、每一个国家、每一个家庭都有这样的偶像供崇拜。但我可以自由地承认，我已经长大了，不再有这种愚蠢的神性观念。我再也不能让自己在我自己崇拜的神中去崇敬某种特殊的行动，而这种行动又低于人类品格的世俗平均水平。事实上，我用我全部的心和理解所渴望的——是我的骨与肉所渴望的——不再是一个星期天的神，而是一个工作日的神，一个工作的神，一个被我们肉体的欲望、激情的灰尘和汗水弄脏了的神。这不是在夸大我们那毫无价值的虔诚正直，而是耐心地、费力地、彻底地清洁我们的身体和道德存在，使之远离它所带来的可憎污秽，直到我们每个人都最终在身心中呈现出自己那未被创造出来的可爱不死形象。”[①]

“因此，当正统信仰将上帝——宇宙的创造者——推介给我们理性的崇敬和爱戴时，以一种伟大的戏剧般的存在作为伪装，他本质上是如此无情，以至于不觉得对于同伴有任何的需求，却可以生活在不可言说的永恒之中；他本质上是非理性的，以至于不费任何心思就能把宇宙召唤成绝对存在。当自然宗教把创造看作是上帝的一种纯粹意志行为，一种简单的反复无常的运动，不涉及执行任何人道事业所需要的一丝诚实的劳动和汗水：比如产面包、做面包、烤面包，——我不会承认一个没有人类价值的上帝，因为从各个方面来说，这都是一个炫耀的表演者或魔术师的角色。这正是拜伦所画的那种幼稚的讽刺画，是配合他那丰富的想象力肆虐蔓延所画出的关于人的幼稚讽刺画。我被每一个真正的人的灵感所约束，它要求我崇拜一个完美的人类神；也就是说，一个神是如此专注于拯救他所创造的每一个生命，使其脱离永恒的死亡和诅咒，如果有必要，他会谦卑地将自己贬低为每一个卑微的受害者，并年复一年，一个又一个世纪，一个千禧年又一个千禧年，甚至仰赖我们自以为是的轻蔑。”[②]

---

① 出自《斯韦登伯格的秘密》（*Secret of Swedenborg*，pp.6–7）。

② 出自《本质与阴影》（*Substance and Shadow*，pp.73，72，73）。

“正如我前段时间所说的，我们会嘲笑一个发明家，如果他要求我们相信他是天才，或者没有任何证据证明他是真正的天才，我们就会嘲笑他。对这个神圣的名字，没有什么比向他表示我们对最卑鄙的江湖骗子所拥有的那种尊敬更令人反感的了。如果对那些绝对的，没有智慧却拥有上帝力量的造物者来说，要求一种与他们的理智知识完全不成比例的信仰，或者除了传统以外没有任何别的依据的信仰，那么，上帝是多么的不值一提啊！……我可以自由地承认，我不相信上帝是绝对的、无关联、无条件的完美。我对他的名字没有丝毫的崇拜之情，对他没有丝毫的敬畏之情，尽管他被认为是自身足够完美的人。那种神性既不能吸引我的心，也不能吸引我的理解力。任何一个用自己的乳房喂养婴儿的母亲，任何一个定期产下幼崽的母狗，在我的想象中都表现出一种更亲近、更甜美的神圣魅力。我为什么会在乎那对我自身之本性有一种令人无望的冷漠的善——除非我是想因内心仇恨而敌视它。我为什么要去关心这样一个真理，它自称永远与饥饿的后代没有关联，并带着一种男子气概的蔑视来避开它。让别人去珍惜不管以何种名字出现的美德，或智慧，或意志的力量，自负的偶像，就我而言，我只珍惜他的名字，因为他的不足之处对于他自己显得如此可怜，以至于除了在别人身上，他自己是无法实现的。简而言之，我既不能也不愿在精神上承认任何本质上不是人的神，也不愿承认任何本质上是自然的神，也就是说，不承认任何明显缺乏人的特性或限定性要求的神。”①

显而易见，这样的神可以既不是人的审判者，也不是人尊敬的对象；每一种生物都必须和其他生物一样，对他而言都同样珍贵；每个人之间的差异必须在他温暖的仁爱中融化，就像尘土在高炉中融化消失一般。我们对个人差异不顾一切的坚持，让我们成为造物主最大的敌人，这也是我们接下来要着手解决的问题。

詹姆士先生用“自我”和“自私”这两个词来定义我们通常就说的自私或自爱。因为我们所讨论的能力，显然不仅是在认知上意识到一个人的自我作为一切存在的一个特殊部分——仅仅是一种自我意识——而且相对于其他被排除的部分而言，是一种对被挑选出来的部分有一种积

① 出自《社会：人获得救赎的形式》（*Society*: *the Redeemed Form of Man*，pp.333–334）。

极情绪意义上的兴趣。詹姆士先生有时称它为我们“意识”的解脱，有时又称它为我们“感觉”的解脱。有时他称之为我们的“道德”，这是一个很不寻常的用法，但在他的体系中有着深刻的原因。然而，总的来说，他在这个问题上并没有恰当的心理学学说，而只是站在一个经验事实的立场上，即这个粗暴、惹人猜疑的原则存在于我们之中，然后继续讲述它的作用和它的命运。

“道德表达了我对自己绝对性的感情，表达了我完全独立于他人的自我感情。它给予我们充分的个人发展和关怀，使我们对有限的自我有了丰富的初步体验，也是我们之后无限制的社会扩张的基础和必要条件。它让我们摆脱兽性的泥沼，摆脱了纯粹的自然激情和欲望，并赋予我们自我或灵魂。也就是说，带上一种生命的感觉，这种感觉比身体的感觉要亲密得多，也近得多，它会引导我们认同它，或只依附于它，心甘情愿地为它舍弃一切……这让我们不够丰富的想象力与上帝结盟，给我们一种个人力量和荣耀的感情，这种感情是动物本性所不知道的，是我们后来对精神事物所有概念的胚芽。简而言之，它在我们最热切的心中低语，‘你们将如上帝般知晓善恶’……

“自我确定是我们道德生活的基本法则，是至关重要的元气，这就是为什么我们坚持将生活当作我们存在的真正目的。我们必须先有一种内在的神圣复苏，或者良心谴责的声音，才会同意把它单纯看作是达到无限崇高目标的一种手段，这个目标就是我们与全部人的统一。道德感的激发，自我的情感，在我们的内心是如此强烈，当我们感到这个可爱的人从它那粗糙的肉体外壳中解脱出来时，是多么甜蜜。然后出现一个满是白光闪耀的夏娃，全副武装，充满了神圣的活力与美，我们不禁要把它紧抱在胸前。因为从此以后，我们的骨与肉都要互相分离，高高兴兴地为它舍弃父母，或者我们传统上所热爱和相信的一切；尽管它引领我们穿过死亡的黑暗和地狱的火焰，却也坚定不移地追逐自己的命运……

“自爱是道德的重要背景，但除了与之发生真诚的冲突，有时甚至面临死亡的绝境——别无他法可以从中解脱。在这场斗争中，有些人受到的创伤比另一些人更大，他们带着曾经高高在上的旗帜，带着被傲慢和不加思考的人所蔑视的耻辱，走进坟墓，但这并不是说他们在灵性上比别人差了。

也许恰恰相反，这只是因为他们一开始就有 50 倍于常人的道德或自以为是的力量，而这种力量只能在精神上被一种可怕的个人耻辱所战胜和削弱。”①

如果这个生物的本性不是临时搭起的脚手架，那么就不需要解脱，不需要冲突，不需要一个注定要受屈辱和失败的自我在其中复苏。在这种情况下，可能根本就没有自我意识。所有有血有肉的人都可能“明智地认为上帝是宇宙中唯一的生命。但如果是这样，我们应该像木头和石头一样坐着，留下生命的显然是他自己，让他独占和享受生命。“另一方面，我们想象自己拥有一个繁荣、和谐的自我，从一开始，创造的开端与结束都与伊甸园相关”②，“一种婴儿般的幸福快乐状态，尚未被理智的狂风暴雨所扰乱——尽管这风暴会将一切都席卷而去，却也无法窥视那神圣而宁静的心灵——这些可怕的风暴最终会摇晃他们，让他们进入梦乡。没有什么比这种圆滑顺从的亚当式状态更远离人类的特性了（除了纯粹的想象力），或者说更远离人类的自然生活，如果它能成为一个持久不变的东西。因为在这种情况下，人类将被证明仅仅是上天精心呵护的婴孩，完全不会上升到与神圣交融或沟通，不会实现真正的神的男子气概和尊严……，他们仅仅是未发酵的面团，平淡而无用。毫无疑问，他将具有矿物的躯体及其相应的惰性；他将有植物的形态和相应的生长；他将有动物般的生命和相应的动作；但他将失去人类行动的所有力量，因为他将缺乏上帝活生生的灵气对他精神的持续渗透与灌溉，而这才会将他苍白的自然编年史编织成历史的紫色薄纱，并以神圣化身的丰饶和力量将人与自然分离开来。”③

但是自我意识不可能是天真和繁荣的。它既然只是神圣之爱在本质虚无上投射的魔法灯影，就必须揭示出它所赖以存在的虚无。如果它有历史的话，那就是一段悲惨的历史。我们的作者有时称解决这种自我之悲剧的经验为“良心”，有时称之为“宗教”。

“通过宗教，我的意思是——如果事物自身依然存在，术语所指的不

① 出自《本质与阴影》（*Substance and Shadow*，pp.137–140）。

② 继斯韦登伯格之后，詹姆士先生常把从道德意识中抽象出来的被造物称为亚当，道德意识就是夏娃。Homo（人）和 vir（男人）是表示相同区别的术语。

③ 出自《基督教的创世逻辑》（*Christianity the Logic of Creation*，pp.120–121）。

变含义是什么——这样一种关于人丧失神恩的良知，不断地促使他牺牲他的安逸、他的方便、他的财富，必要时牺牲他的生命，以便在可能的情况下，使自己恢复上帝的恩宠。这就是字面意义上的宗教：自然宗教。宗教被人类的普遍本能所证实，在它经历了精神上的转变而进入生活之前，它仍然声称是一个纯粹的仪式体现。”①

“每一个人，到达开蒙的青少年阶段时，就开始怀疑这一点，开始怀疑生活不是玩笑；它甚至不是文雅的喜剧；恰恰相反，它是在最深沉的悲剧深渊里开花结果的……那是主体扎根其中的本质匮乏的深度……

---

① 詹姆士先生不屑把“宗教”一词用在起点并非悲观的经验上。我们现代的乐观主义让他抱怨道：“宗教这个词在过去男性化的意义上已经消失了，被一神论的多愁善感所取代。古宗教涉及一种意识，即上帝和崇拜者之间存在着最深层的对立，除了无条件地保证绝对的天赐慈悲外，它完全拒绝任何东西的安抚。这位古代的信徒觉得，如果只是举手之劳，他就完全无法爱神，也无法做任何其他的事情来拯救他。取消爱是他唯一真正的爱，取消学习是他唯一真正的学问，取消做事是他唯一真正的事。现代宗教对历史上这些奇特的考古学意义上的开端，既感到好笑，又感到惊奇。他对它们的感觉就像一个艺术家对时尚界洛可可风格东西的感觉，法利赛人对他们慷慨赞助的话并不少见，就像富裕的拉斯金先生对早期宗教艺术的粗鄙标本慷慨投资一样。他一点也不认为自己是一个被上帝的和平与纯真所激励的内在精神形式。相反，他觉得自己是一个严格讲道德的人，是一个冷静的人，只为自己的行动，或者他自主设定的关于人类和神法的关系赋予生气。现代信徒渴望成为圣人，古代的信徒除了罪人什么都不喜欢。前者据此回顾了某个他称之为皈依的幻想时代，也就是当他从死亡走向生命的时候；后者幸福地满足于忘我，他只盼望他的主所应许的灵性降临，以各种救赎的形式出现。一个是完全改变了的人，不再与世界混淆，并得到神的赞许；另一个是完全不变的人，他只是比以前更加绝对依赖上帝的仁慈。一个肯定能上天堂，如果主留意他自己的恩典在人的性格上所规定的差别；另一个确信会下地狱，除非上帝对这些差别漠不关心。”——《本质与阴影》（*Substance and Shadow*，pp.14–15）。

而且：“宗教经历了如此彻底的道德沦丧，因为她纯洁、圣洁的心灵，已经堕落为如此厚颜无耻的世俗侍女，这样一个画得花枝招展的妓女和街头游民，向每一个多愁善感的花花公子或牧师情郎提供慷慨的帮助，这些人口袋里有着最低数量的自负能够用来进行偿付——他发现自己在秘密地唤起某种重大社会变革的来临，以便从记忆中抹去其作为一种职业的念头，并让她作为一种精神生活而存在。宗教曾经是地球上的一种精神生活，尽管是一种非常可怕的生活；而她的胜利被神圣的精神一次次地证实了。这时，她对人类所有虔诚的自满感到恐惧和惊奇；然后，她的意思是，对每一种明显的个人希望和在上帝面前的自命不凡进行谴责和否定；接着她就认为人类中那些法利赛人或贵格会教徒的脾性是值得怀疑且可以不予理会的，凭着这种脾性，一个人就可以夸耀他胸中的“私心”，使他在上帝和别人，尤其是那些伟大、神圣但又无意识的大多数同类人，有着不一样的品性与外貌者眼中拥有。”——《斯韦登伯格的秘密》（*Secret of Swedenborg*，p.221.）

每一个有精神生活能力之人的自然遗产，都是一片未被征服的森林，在那里，狼在嚎叫，夜鸟在啁啾。”[①]我相对于动物唯一有效的自然的优越性在于我有良心，而它没有。我能向我的同胞们宣称的唯一有效的道德优越感是，我对国家更衷心地效忠，而他们却不那么衷心。因此，比我的理智更深刻，比我的心灵更深刻、比我认识的任何东西都更深刻、比我习惯强调的所有东西都更深刻的，是那可怕的、无所不能的良心力量。它现在正用声音抚慰着我，用温柔的乳汁哺育我，就像母亲抚育她的孩子；又用忿怒的鞭子责打我，如同父亲责打那顽固不化的后代。

“但这只是故事的一半。的确，良心是人类善恶的唯一仲裁者，而那些头脑简单、单纯的人——那些遗传了良好气质的人——很容易想象自己与它在精神上是和谐的，或者说服自己和他人，他们已经完全满足了它的每一个要求。但是，有一种更深层次的思想很快就开始怀疑，良心的要求没那么容易得到满足，人们很快就发现，事实上，它只为死亡服务，而不是生命的助益，这些人是在放弃自身。因为长久以来，良心不可避免地教导一切热心的专业人士，放弃在他们自己实践中调和善恶的无望努力，要学会相反的，只把自己与恶的原则等同起来，而把一切善完全归给上帝。因此，一个真诚的知识分子从来没有认真地致力于培养良心，以获得其精神报酬——即使是为了安抚神圣的正义，他也并没有很快发现，每一个这样的希望都是虚幻的，他对安宁的渴望程度与失去安宁的速度成正比。换句话说，没有人，甚至傻瓜也不会，从一开始就故意让自己‘吃善恶树上的果子’——坚持他的道德本能，直到他内心确信上帝在他身上的存在——却在他自己的灵魂中找不到死亡，也找不到生命，而且不让他自己内在和精神上的不正直与道德上或者某种外在的正直保持一个精确的比例。当然，我不知道一个人是否会被曲意迎合感官的潜移默化气息所迷惑，从而在精神上或在内心深处相信他在道德上或在外表上的表现。事实上，在每个社区都可以找到大量的人，他们尚未获得任何精神上的洞察力或理解力，这完全契合于他们所拥有的道德‘疑惑’，他们每天都盛装打扮，颇受朋友的尊重，同时在内心之

① 出自《本质与阴影》（*Substance and Shadow*，p.75）。

中与自己和睦相处。事实上，这一切对于我们这种既是天生，又被培养得精神上糊里糊涂的人来说，是完全不可避免的。但我在这里关心的不是否认或证实事实。我在这里特别想要指出的是，用斯韦登伯格常说的话，每一个人自身之中，'心灵的灵性层次已经被打开'，发现良心不是朋友，而是其自身道德正当性或志得意满的敌人，因而也是他自己可以在神之中安之泰然的敌人……一股小溪无法超越其源头……当我真诚地渴望实现神圣的法律时，当我努力追求道德或个人的卓越时，毫无疑问，我的目标是使自己超越人性的层次，或者在对神圣的尊敬中达到一个与一般人不同的地位；这些不是说谎者、小偷、奸夫、杀人犯才有的。同样的律法不赞成伪证、偷盗、奸淫、杀人，也约束我不可贪图，即，别人不喜欢的东西，自己不要追求。因此，我天真地想象着要给我以生命的法律，结果却变成了一个精妙的死亡管理机构，而就在我道德升华的紧要关头，我却感到了最深刻的精神上的屈辱和绝望。毫无疑问，我的神圣生命本能地憎恨伪证、偷窃、通奸和谋杀，实际上，每当我自然地想做这些坏事时，我就会避开它们。但是，我必须恨他们，完全是因为它们自己的原因，或是因为他们和无限的善与真相互抵触，而不是带着一种卑鄙的观点，想要牢牢抓住上帝的私人赞许。我曾粗暴地歪曲了法律的精神，背弃法律的无限庄严到令人羞愧的地步——倘若它能在某种程度上证明我对上帝的贪求，或者能够有片刻时间准许那种完全是无聊讨厌的分离，而我衷心希望在他的视界之内有自我与他人之间的这种分离。

“良心的整个历史功能就是，通过上帝和我们之间完全对立，有效地制止我们对精神事物巨大且天然的骄傲和贪婪，而这只需要我们对基本的社会、人际关系或与同类平等的真相无动于衷，在我们虔诚地向神请求时，只出于自私或个人的考虑而感动……。对个体信奉者来说，唯一值得尊敬的是，通过上帝完全客观的公正信念，使他相信自己有罪……并使他直率地否认每一种神圣尊严的称号，而这种称号不能被税吏和妓女平等享有。”①

① 出自《斯韦登伯格的秘密》（*Secret of Swedenborg*，pp.161–165）。

“那么，自我和良心，或者道德和宗教共同构成了自爱这颗‘地球’，它时而在光明中运行，时而在黑暗中运行；道德是爱光明的一面，宗教是爱黑暗的一面；一个构成白天的辉煌，另一个构成夜晚的黑暗。道德是夏日中繁茂与充满光彩的自爱，给它的粗犷披上素雅的衣裳，用汁液浸透它坚硬的树干，用树叶装饰它粗糙的四肢，它赞美每一颗顽强的嫩芽、每一朵成熟的花蕊，赞美它们结出丰满成熟的果实。宗教是一个寒冷的冬天，它摧残了这个夏天的丰饶，阻碍了它那充满生机的汁液的上升，把它那极好的生命贬低到地上，只为了一个繁茂长青的春天，和一个硕果累累的秋天。换句话说，宗教没有实质的力量。它在地球上唯一的使命是追随道德的脚步，使人从在自然那里获得的自我骄傲中谦卑下来，从而软化他的内心以便接受神圣的真理，因为真理将在人类平等的组织或友谊中得以实现。”①

“自负和自责、骄傲和悔恨，就这样构成了我们称之为道德与宗教经验的那种间歇的狂热和寒意，而这些经验通常自行其是。”我父亲在他年轻的时候，似乎对这种病有过一次不同寻常的、生动而持久的探究，而他的哲学也不过是他的治疗之法的陈述。在接下来的自传中，有关于他少年时期在这方面的发展描述得很完整。在他的其他作品中，我们可以看到他后来的思想状态。现在把它们抄写下来是有好处的。以下是其中之一：

“我从来没有在理智上认识到我的道德意识只是我们天性中神圣遗产的管家或仆人，斯韦登伯格证明了这一点。与理智相反，尽管心有疑虑，我总是悄悄地让它成为不可否认的遗产继承人，看着它随意抽打仆人和女仆而没有任何疑虑。我并没有认为自然的自我或自我统一体构成了一个严格的否定标记，一种本质上相反的证明，进而否定上帝在我们本性中精神性与无限的在场，我习惯于将其看作是教会教导我这么去看的，而这是对教会权力的直接和正面呈现，但我的宗教生活也因此有了不断的冲突和混乱。

“否则还能怎样呢？在我看来，创造是一种纯粹的道德状态——我从未想过我的自我只具有一种形式的或主观的有效性——我认为自己在上帝眼中是客观的或实质性的现实。当然，我通过不懈地追求道德上的卓

---

① 出自《本质与阴影》（*Substance and Shadow*，pp.10–11）。

越，通过各种努力培养个人纯洁性的方法，来寻求他对我的赞许。但这一切都是徒劳的。我越是努力使自己相信真正的正义，我内心的地狱之门就越开得大，且臭气熏天。我内心感到一种彻底的污浊，死似乎比生还好。我很快就发现，我的良心，一旦投身于这疯狂的事业，就会变得如此邪恶，以至于我再也不能纵容自己沉迷于荒谬而迂腐的字面上的正直——比方说，不能对我的妻子投以愠怒的一瞥，不能对我的孩子说一句气话，也不能对我的厨子进行指责——不要立即陷入内心惊恐的狂乱，以免我因此而激起上帝对我的恶意。事实上，没有任何方法可以避免如此贬低灵性的结果，除非我们停止把道德看作是上帝在我们身上真实生命的一个直接的、但看上去相反的形象。如果我的道德意识构成了我与上帝之间真正而永恒的联系，也就是说，如果他把一切善恶都归给我，而我在疯狂的骄傲中却把它们归给我自己，那么我就不可能永远避免如下看法：要么有一种自负和令人厌恶的看法，认为他对我很满意；要么我有一种令人心寒的忧虑，认为上帝自己意志不坚。如果我天生有一种自鸣得意的脾气，我的宗教生活就会反映出来，并在精神上使我受到各种令人作呕的法里塞主义和服从主义的折磨。另一方面，如果我有所谓的'病态'天性，导致我缺乏自信和自我贬低，我的宗教生活将使这些事情变得更加绝望，使我的自我谴责承认自己是对上帝更深远报复的一种乏力反馈。"①

在最近发表的几篇长文章中，他讲述了自己开始了解斯韦登伯格的作品，并得到解脱的过程——

"1844 年春天，我和家人住在英格兰的温莎附近，专心致志地研究《圣经》。在这之前的两三年中我有了一个重要的发现，我的想法是：'创世纪'并不打算把光直接照耀在我们的自然或种族的历史上，但它将对上帝灵性创造和圣意的法则进行神秘化或者说符号性的记录。我做了一个讲座课程来阐述这个想法，并把它们传达给出色的纽约听众。准备这些讲座内容，虽然确实在很大程度上证实了我那些有趣发现带来的印象，并且将在很大程度上改造神学，但也让我相信，我必须更仔细、更用心地应用我的思想，而不是像以前那样详细地解释那些神圣文字中的细节，

① 出自《本质与阴影》(*Substance and Shadow*，pp.125–127)。

好像这些是原先被命令式地需要的。因此，我在旅居国外期间，对这一目标孜孜不倦。我的成功使我感到莫大的荣幸，我希望我终于有资格为人类最高层面的知识贡献一份力量。我记得，我在温莎的时候，我对推进自己的任务充满希望；我的健康状况很好，精神也很好，公园和它附近地区的宜人景致不断诱惑我去远足和骑行。

“但是，在五月结束时的某一天，我吃了一顿舒适的晚餐，家人散去后，我一直坐在桌旁，懒洋洋地凝视着炉膛里的余烬，什么也没想，只是感受着舒适消化的美妙过程，而忽然间——宛如一道闪电一般——‘恐惧袭来，我颤抖着，我的骨头都震动了’。表面上看，这完全是一种疯狂、可怕的恐怖景象，没有明显的原因，只能解释为我那令人困惑的想象力：在房间中蹲着一个我看不见的、可恶的东西，从他那恶劣的人格里发出的吼声对生命产生了致命的影响。那件事只持续了不到十秒钟，我却觉得自己成了一具残骸，也就是说，从一种满是坚强、有力、快乐的男子气概状态退回到一种几乎无可奈何的婴儿期。我唯一能控制自己做的就是呆在我的座位上。我最强烈的愿望是跑到楼梯口向我的妻子呼救——甚至跑到路边，呼吁大家来保护我；但是，我费了很大的劲，才控制住了这些狂乱的冲动，并且决定在恢复我失去的自制之前，决不从椅子上挪动一下。为了这个目的我坚持了好久，我算着时间，同时任由越发猛烈的怀疑、焦虑和绝望风暴敲打我，除了对于神圣存在那最苍白、最遥远的一瞥之外，我之前遇到过的真理没有让我有一丝安慰。当我决定放弃徒劳的挣扎，并且毫不顾忌地进行交流时，看起来我让我的妻子承受了我内心那忽然的重担，以及那难以调和的不安。

“长话短说，这种可怕的精神状态一直伴随着我，通向最终缓解经历了漫长的过程，持续了有两年甚至更长时间。我请教了一些名医，他们告诉我，毫无疑问，我的大脑是过度劳累了，这是一种邪恶的现象，医学上没有任何补救办法，只有时间、耐心和身体状况的改善能解决一切。他们都建议通过卫生健康的方式进行恢复，比如采用水疗法，到户外生活，结交快乐的朋友，等等。这样，他们就悄悄地、巧妙地把我打发走了，让我自己去做精神治疗。起初，当我开始从剧烈的精神痛苦中得到半小时的缓解时，我的疾病的神秘莫测完全吸引了我。然而，我越是思量着这件事的起因，越是担心，这种神秘感越加深，我就越本能地感到怨恨，因为我的个人自由似乎受到了不必要的干扰。我去了一个著名的水疗法治疗处，它没有治愈我的病，却用一些英国人的狭隘与偏见丰富了我的记忆，但它也确实通过让我熟悉英国那精致、魅力无穷的景色而舒缓了心情，并让我第一次完整体验了可以被称为英格兰田园美景的东西。诚然，我年轻时曾在德文郡呆过几天，但那时我的快乐只是单纯的热情，实际上是情不自禁的审美陶醉。'治疗'发生在一个不那么可爱但仍然美丽的国家里，在一个著名的公园旁边，而且它给予了我不限期地占用和享受的权利。英国人看待他们自己山川河谷时彻底的冷漠态度——冷淡、蔑视，一种他们习惯性的，对最令人陶醉、阳光遍洒的田园的漠不关心——总是给我一种感觉，我是这些东西的发现者，相应的，我有毫无争议地占有它们的权利。无论如何，英国丰富的光影色调，永远在她那芬芳悸动的胸怀中荡漾出壮丽景致，唤起了我比在家时更加温柔的心绪。一次又一次，当在这种沉闷的水疗中，听着无休止的关于饮食、养生法、疾病、政治、党派、人民的'口头吵闹'，我告诉自己：人类的诅咒，让我们的男子气概如此少而且如此堕落的原因，是其自我意识，以及它所产生的荒谬可憎的观点。要是发现自己不再是人多好啊，就像那平静山坡上被牧养的天真无知的羊羔，在大自然的慷慨怀抱中汲取永恒的甘露和生气！

"不过，让我先来谈谈这一事件的恰当收获。我在水疗法上花了不少时间，虽然在身体上效果不佳，但却使我意识到在我的意志和理解力范围内发生了一种最重要的变化。我感到很奇怪，在我精神崩溃之后不久，我就不想再恢复被它打断的工作了；从那天到今天，差不多三十五年了，我从来没有回过头去看一眼，甚至也没有带着好奇的心情去看一看之前吸引我的那一大堆手稿。我想，如果在那件事发生之前，有人说我是一个真诚的真理追寻者，我自己也不会觉得这个称呼不合适。但现在，在我遭遇灾难的两三个月里，我确信我从未见过真相。我现在的意识完全是对真理的彻底无知。的确，我曾不止一次地产生过一种可怕的怀疑：我从来没有真正希望知道真相，而只是想让别人知道我有发现真相的能力。事实上，我已经病得快死了，因为我感到自己智力贫乏且不诚实。

我勤奋好学的精神活动显然是建立在一座‘空中楼阁’之上的，而那座楼阁在刹那间消失了，没有留下任何残骸。我再也没有冲动，甚至再也不想去看它究竟奠基于何处，因为我已经和它一刀两断了。这就是真相！像我这样的乞丐怎么会发现它呢？一个被女人所生的人如何假装有这种能力呢？如果真理要被人知道，它就必须自己显露出来，即使那样，人们对它的了解也是那么的不全面。因为真理就是上帝，无所不知、无所不能的上帝，谁能假装理解这种伟大而可爱的完美呢？然而，那些渴望得到人类名字的人，难道不愿意用他对生活的全部了解来换取对真理一角的匆忙一瞥吗？

“有一天，我去拜访一位住在‘水疗法’场所附近的朋友（她已经故去了）——她是一位具有罕见心灵品质和独特个人魅力的女士——她想知道是什么促使我去做‘水疗法’。我把我告诉你们的事情原原本本告诉了她以后，她回答说：‘那么，我根据你前面说过的两三件事，大胆地猜想：你正在经历斯韦登伯格所说的一场新生（vastation）。虽然你自己也对这个问题感到失望，甚至绝望，但我不能不对你的前景抱一种完全充满希望的看法。在表达了对她鼓励话语的感谢后，我说我不熟悉斯韦登伯格的术语。而且，如果她能通过简单的英语，将她使用非常漂亮的拉丁文字谈到我的情况时做出的乐观判断转述出来，我会非常高兴。对此，她又谦虚地回答说，她是作为一个业余爱好者阅读斯韦登伯格的，没有资格来阐述他的哲学。但毫无疑问其基本假设是，无论是在个人还是在普遍的领域，人类的新生，都是神圣创造和天意的秘密。那另一个世界，按照斯韦登伯格的看法，为人的精神或个体存在提供真正空间，提供他在神之中拥有的真正不朽的存在。因此，他把这个世界说成是自然形成或服从于自然而存在的一个初级场所。因此人类新生的问题，无论是在大的方面还是小的方面，都是哲学上的首要问题。她没有装作决然果断，她沉迷在我叙述这个观点时引发的哲学兴趣中，并使用新生这个词来描述一个阶段的再生过程中，她发现了斯韦登伯格描述过这点。最后，我那位出色的朋友以一种非常有趣的方式，为我概述了她对斯韦登伯格整个学说的看法。

“我在后来对斯韦登伯格的研究中发现，她对这件事的叙述既不准确，也不像事实所要求的那样全面。但无论如何，我很高兴地发现，人们在如下问题上是多么的一致：他们都提议要把正面的知识之光投射到灵魂的历史上，或者为它那有限的结构中黑暗与光明交替——或者恶魔与天神交替——的各个阶段，带去理性的慰藉。因为我一直有一种直白的愿望，几乎相当于一个先知的本能：努力去发现。尽管我也轻率，容易被分散注意力，我还是决定立刻跑到伦敦，购买斯韦登伯格的著作。若非我绝对不被允许在公共卫生间中阅读它们，我很可能会翻开书页，满足地细细品尝，或者至少充满期待地去阅读，这样，在那些美妙的日子里，它们可能为我迫切的需求提供慰藉。在我前面的专柜上，放着一大堆大部头的书，我从中挑选了两本最薄的——《论神的爱欲智慧》、《论神的旨意》。我将它们带回家，我随机但迫切地稍作翻阅，到最后，在阅读所带来的慰藉中，我对它们的兴趣几乎是狂热的，尽管我还有医生，但我不再长时间站在他们身旁瑟瑟发抖，我大胆地投身河流，完全确定，那尚未探索的海洋中的水会包容我。

"我带着激动的兴趣从头读起。我的心已经预感到，甚至在我的理智还没有准备好为这些书正名之前，它们就蕴含着无与伦比的真理。想象一下，一个发烧的病人，他的病已经完全好了，能够想些自己之外的事情了，突然间，他就飘飘然起来，天上的清风吹拂着他，流水的声音使他疲惫的感觉恢复了清醒。想到这些，你对我读书的乐趣就有了一个模糊的印象。或者，更好的是，想象一个颇为专制的人被判处死刑，一种弥漫于意识之中的死亡之情绪，忽然被突如其来的，但和普通人的感觉相契合的奇迹所提升，充满了对生命坚不可摧的感受，而你将会对我的解放状况有一个真实的印象。尽管这些非凡的书籍让我熟悉了神圣存在和天意的概念，与此同时，它们也给了我最充分的理由，这是我期望了解的关于我自己的特殊痛苦的理由，这些痛苦内在于我的统一体与自我性具有的深刻、无意识的死亡之中。"[①]

"从儿时起，我就一直认为造物者与被造物有一种外在的联系，因此，我认为造物者能够给予被造物一种力量，这力量会激起造物者无穷的敌意。虽然这些粗糙的传统观点被后来的反思所修正，我却总是在整

① 出自《社会：人获得救赎的形式》（*Society: the Redeemed Form of Man*，pp.43–54）。

体上习惯于将一切归给造物者。就我目前所谈到的我的生活和行动来说，他是最善妒的旁观者，因此在我们在对他的侍奉和敬拜上，要尽量保持警醒，而直到如你所见，我的意志已然崩塌——它彻底熄灭了。它完全被一项正式的、无情的、没完没了的任务，即安抚一位铁石心肠的神累坏了。对我的感情来说，这是一场比实际违反任何道德法则的戒律都要悲惨得多的灾难，其理智上的结果也具有革命性得多。这是对法律本身的一种实际的废除——通过主体在道德上出人意料的惰性。在我看来，这不仅是我的道德力量或意志力量的绝对丧失，而且是我在这方面的自觉活动的一种退缩。这是一种对自命不凡的道德本身作为彻头彻尾江湖骗子的强烈厌恶。在人生的道路上，没有哪个傻瓜比我在那个艰难时期所感到的更无力了。事实上，我花了很多精力出去散步，或者睡在一张陌生的床上，就像一个普通人策划一场活动或者写一首诗一样。我告诉你，在当时从我的窗口看着一群愚蠢的羊碰巧在对面绿色公园吃草，我嫉妒它们对比它们更高的法律愚蠢无知，且还感到幸福；嫉妒它们深刻的自我无意识；嫉妒它们对所有私人的品性与目的都无知透顶；嫉妒它们强烈的道德上的无能，简而言之，嫉妒他们的冷漠。我会自由地，不，是很高兴地用这一刻的世界来换得这些善良的生灵表面上所显现的或在我想象中所呈现的精神上的纯洁气息。所有的美德，或道德公义，过去曾经用来说明我们特殊人格的东西，现在看起来，相较于深刻的神圣可能性以及对我们共同属性的承诺，只是愚蠢和疯癫的。在我的精神视野里，这些东西仅仅象征着是生命世界中更温和的人类类型。例如，这看起来耀眼地呈现给我的内在感受，在一匹充满耐心又过于劳累的役马或饱受虐待的为小商贩干活的驴子的灵魂中，有一种天赐的甘甜。在我看来，老实说，罗马和新教的圣徒所有卷帙浩繁的经传与它相比，简直是地狱。

“那么，你可以很容易地想象到，当我在这些最出色的书中发现关于人格的纯粹和不幸现象时，我是多么高兴地打开了我的心；我的智慧以多么敏捷的速度，把它的画布展开，去捕捉那未被探索过的生命之海的每一丝微风。这个非常时期我一直在快乐的信仰中，也没有感受到任何关于它的不安阴影。我冒昧地说，在这一刻，可能你自己心中也有类似的担忧，我的存在或实质完全在自己身上，事实上，这与最谬误但却从未被怀疑过的东西中所隐含的各种限制是一致的。可以肯定的是，我没有怀疑我的这种存在或自我（无论我是否为它的局限性所累，我并没有停下来去探究，因为毫无疑问，我的能力是有限的）最初作为礼物来自上帝之手；但我也毫不怀疑，当那礼物离开上帝的手，或落入我的意识之手的那一刻，它就变成了在所有精神上或主观上独立于上帝的东西，就像一个孩子的灵魂是来自他的尘世父亲一样，无论在物质上或客观上如何，服从于外部管理者对我而言是有利的。我的道德律也对同样深刻的幻觉产生了影响，因为道德律的所有规则在客观上都是如此美好和真实，并且在一种尚未被启示的良知看来是为了让人们在上帝的眼中成为正义，即使我有独立的理由怀疑我自己的精神或主观的实在，我也绝不会想到，如此明晰的神圣法律会去考虑，忍受一个完全是不牢固，错误的主题。事实上，它完全是为了对这样一个主题进行责备、谴责和羞辱而设计的。因此，对于律法的明显目的，我并不担心。它的神圣意图至少对我和对犹太人一样清楚，那就是，在人们中间发挥一种简单的道德生活或实际正义的职能，从人们相互争斗和分裂的个性中建造一个永恒的天堂。这一点也不像使徒们所教导的，设立死亡的职事，叫那已经蒙悦纳的人知罪，从此让一切人，善的与恶的，尤其是善的完完全全仰赖神的怜悯。

“在发生我告诉过你们事情之后，我再也不可能对自己保持这种大胆的信念了。那个令人难忘的寒冷下午，我在温莎坐下来吃晚饭，我保持安静，丝毫不受一丝怀疑的影响。在我从桌上站起来之前，它就已经内在地消失不见了。有一刻，我虔诚地感谢上帝赐予我难以觉察的恩惠；下一个难以觉察的恩惠，在我看来，似乎是世上唯一可恨的东西，那就是，在我心中，似乎有一个真正的地狱之巢。”[1]

坚持到现在的读者，已经很好地摆脱了开始时我们所引用的关于创造过程的先验逻辑气氛。他认为那些冰冷的叙述不过是一种外衣，一种通向智慧的媒介，一种最鲜活的心灵体验。如果他是一个通情达理的人，

---

① 出自《社会：人获得救赎的形式》（*Society: the Redeemed Form of Man*，pp.70–74）。这几页的标题是“我道德上的死亡与埋葬”。

他就会看出詹姆士先生是那一群圣人和神秘主义者中的一员，他们通过对自己种种经验的例证与陈述，而享有罕见的特权，得以阻止宗教成为墨守成规的化石，并使之永远富有生机地存在下去。这种经验始终是一种强烈的绝望，一种放弃自我、向更高的力量奉献的激情，它转变为一种同样强烈的乐观主义。毫无疑问，从灵修文献——异教、天主教和新教的——中找到几页引文是很容易的，这些引文在所有根本性方面都与我父亲对自我与神的关系的感受和看法相吻合。但是每个人都有自己附加其上的特征，我认为我父亲的特征确实很特别。

普通的神秘主义者似乎不让自我消亡，而是让它平静下来，平息下来，使之在他们那里变得无辜，所以它仍然保留着品尝上帝与它重新对话的乐趣。这使他们的许多作品带上了一种妖艳的色彩，一种精神上的纵欲芳香，使许多读者，甚至那些信教的人，都无法从他们的作品中得到任何启迪。一个人会感到被指责、被疏远、被排斥。说话的是“我”，而不是“我们”。现在，我的父亲，有着关于经验的神秘深思，所有那些神秘的情绪，却丝毫没有神秘的利己主义或放浪淫荡的痕迹，而是像老爱比克泰德，甚至第欧根尼[①]本人那样极端和无情。一个平静的、澄清的、胜利的安宁自我仍然是一个自我，一个痛苦的、沉重的自我亦是如此。如果他有办法，他就不会以任何形式玩弄敌人。宇宙间的人是上帝的一个创造物：只有在人身上，且通过人，他才能被拯救。“当斯韦登伯格称自我为我们无法创造的领域时，他出人意料地说出的这句话，给地狱最深处送去了一缕健康的气息。”我的自我将成为未被创造的！因此，当他情绪低落的时候，看着他一小时又一小时地默诵《大卫诗篇》，显然是一件很奇怪的事情，因为他并没有用心去做。他完全陶醉在人性的情感中，沉浸在与同类团结一致的感情中，就像大海里的一条河一样迷失了自己。

以下段落可供引用：

“我如何被现存的文明所孕育、生产、抚养，所有这些关于生命的科学或知识，都坚持不懈地告诉我，没有什么和自我一样神圣真切，因

① 爱比克泰德（约公元50—约公元135年），希腊斯多葛派哲学家；第欧根尼（约公元前412—公元前324年），古希腊哲学家，犬儒学派的代表人物，活跃于公元前4世纪。（译者注）

为它如此甜蜜与充分，实际上结果是：我成功地在我伟大的族群或自然中赋予了神性，而人们对这些原先只有些许微不足道的认知。事实上，如果我可以自由地屈从于我内心的本能，或者听任我自己受当前文化的鼓动，我毫不怀疑，到最后我一定会将我自身之中充满耐心的神性奉献给那些肆无忌惮的偶像和虚伪的东西。然后，我那已经确证且未受约束的感觉，就可以自由地告诉我，我的生命或存在严格与我有限的人格相统一，而只有死亡和地狱才是我唯一觉得恐惧的东西，因为它给人的威胁是在那里人格将会分解破碎：就是说，死亡和地狱包裹在我自己那神圣－自然的天真、真实和纯洁当中。我承认，一旦一个人的眼睛在这个方面看到了一丝永恒的真理，就会毫不犹豫地希望，在此之前，他听到的福音是无神论和迷醉自负的，他实际上是会丧失生命，而伟大的生命之主并不是永远都记得他。作为一个人，我显然宁愿完全丧失我的自我意识，也不愿发现生命之主只能在如此微弱的程度上认同我的存在。我的存在完全脱离了我自己，完全忘记了我自己，完全忘却和抛弃了它所有精心设计的精巧计划和诡计。这些东西现在变得如此透明，就算是一个孩子也不会被他们欺骗。这在于如下事实，我的存在在于诚实地把我自己和别人联系起来。我知道我永远不可能完美地做到这些，也就是说，达到自我毁灭，因为作为被造物，我永远不可能成为神；但无论如何，在永恒的岁月里，我将在自然中，我希望也在精神上，与一个完全没有这种有限原则的存在，越来越亲密地合而为一，这个存在在他的创造物中并不含有自身。当然，除了成为神以外，最好的事情就是了解他，因为这种知识可以使人承受任何个人限定性带来的重负。”[①]

在詹姆士先生的眼里，没有什么比声称自己拥有任何实质性的价值或优势更让人着迷的了，但这些除了能下意识地轻视你的同类之外，还能有什么用呢！没有什么比打破传统尊严的泡沫更使他高兴的了，除非能帮助人在最简单、最一般的层面上与他所遇到的一切卑贱之人相结交。在他的谈话中，他最喜欢的就是抬高谦逊的精神，贬低那些高傲的东

① 出自《社会：人获得救赎的形式》(*Society: the Redeemed Form of Man*, pp.361–362)。

西，——这是些有点鲁莽略带谩骂幽默的谈话，当他处在一种刻薄的心态时，常常会吓到波士顿的好人们。他们不够了解他，不能从他的情绪流动中看到他一贯的和蔼和仁慈的本性。一位朋友，在我写下这些时写了一封私人信件给我，其中说道，他的性情非常暴躁，当你责备他在谈话中伤害了别人的感情时，他会因为你的异议而把你打得鼻青脸肿；但一直以来，他让你觉得这件事的起因是他对自己的强烈怒气，因为他仍然被自己无法摆脱的本性所支配。但有时我在他身上，在他的内心深处，却感到一种纯粹的谦逊和自卑，这给了我一种无限的观念。

伴随这一切而来的神学是这样一种激情洋溢的信念，即除了几个关于自我的荒谬主张之外，上帝的真正创造物——主要是人性，总体上一定是完全善良的。难道这些不就是善良的神的工作，更确切地说，是善良的神的本质吗？

“他是一个怎样的创造者，才会在片刻之间，让人将他的创造物很是糟糕的这个结果归咎给他的创造力呢？显然是最为贫乏的那类创造者吧。因为，如果上帝的创造真的很糟糕——也就是说，如果如哲学家所说的，他的糟糕不仅仅是主观的、精神上的、形式的，而且是客观的、自然的、实质的——那为什么甚至没有人会开始形成一种判断，即，和坏的创造物相比，创造者本身会是更坏的，这样就可以简单地用来解释这样一种创造的邪恶暴行了。你知道，依照创造的假定，被造物在自身而言是绝对的虚无；如果他因此真的是邪恶的，那么他的这种邪恶来自何方——如果不是来自他自己的生活、行动以及存在？”

在另一段自传式文字中，他捍卫自然权利是上帝化身的看法：

“我记得，事实上，过去的春天我所有的智力活动是，确定我们是否觉得有限性是我们创造精神的必须，或只是自然构造的事件，比如说，是否它可以被解释为是任意强加给我们的神的意志，或仅仅是我们过分珍视的个人独立情感所固有的。因为在前一种情况下，我对上帝的希望必然会随着上帝无限性的实际消亡而破灭，而在后一种情况下，我对上帝的希望不仅没有受到损害，而且还恢复了活力……

“事实上，这就是我理智不安的真正秘密源头。在我早期的知识生活中，我一直被一种强烈的感觉所困扰，那就是，上帝与我在自然上不协调——他的自然对我而言，是不可战胜的疏远、异己、外在、距离、遥远——以至于常常在我的心中孕育出一种说不出的忧伤或乡愁。这种感情，在上帝所谓的超自然限制的掩饰下，定然在我的感觉中，把它那不可言喻的恶毒掩藏了起来；但它仍然使我的灵魂充满了死亡的战栗和苍白。我毫不怀疑，如果不是因为我们所说的过多的‘动物精神’，不是因为我对一切感官上的享受都怀着极大的善意，替代了我病态的自觉，抑制了它的腐蚀力量，我本应该制止这一公然阻碍理智发展的事件。请注意，随你怎么想，我完全可以忍受上帝对我个人的厌恶，因为我个人与我作为人的本性是不一样的，所以对我个人的责难，不至于让我与自然的复活隔绝，也不至于使我对神失去盼望。但是，上帝与我的疏离念头，已经无可救药地让我背上重负，因为我作为神学推广者的无能，还有我那根深蒂固但却无意义的，对上帝与人之本性疏远的传统的信任。因此，不幸的是，虽然我自己并不与人的本性相契，而是让人的本性契合于我，或者说我将二者管理得如此之好，将它们融合在我那无经验的感受中。每当我感到一种肤浅的或内在的、短暂的、仅仅是自责的痛苦时，在我和我的生命之源之间，很快就产生了一种快速可怕的化学反应，那就是我和它之间有一种最致命的天然隔阂。

“事实上，这种有害无益的人与其创造者之间自然和私人性的不对称传统——特别是被隐匿在一种超自然存在或上帝的存在之下——给予了人原本有益健康的罪恶进行的良知反省一种难以忍受的怨恨和心酸。人的个性应该完全使他与上帝疏远，也就是说，使他与上帝无限地不同和对立——这一点我全心同意你，因为如果上帝与我有那么一点相似，我对他的一切希望就会破灭。但是，上帝对我来说也应当是一个无限陌生的实体——一个无限不同的或外来的自然——这伤害了我对上帝发自内心的信仰，或者使我对它的感受仅仅成为一种唯利是图和卑躬屈膝的敬意。我完全理解他应该如何断绝与我的一切个人或私人关系，因为……就我独特的个人兴趣和抱负而言，我是神充满激情的敌人和对手，这是一方面。可是，从另一方面讲，如果他对我这种无辜的天性，或者说，对究竟是什么东西把我和每一个女子所生之人紧紧地联系在一起的那种东西，产生了一种刻骨仇恨，那就完全是另外一回事，也是最令人厌恶的事情了。”①

某种唯信仰论，或对外显的人类反差的漠不关心，是每一种信仰的逻辑结果，它使神的爱如此公正，并如此强调整体在他关注中的重要性。我不能说我的父亲在实践中成功地忠于了这种结果，但理论上他做到了。他非常喜欢斯韦登伯格书中的如下内容，他在其中清楚看到了冷漠的原则如何被确定下来。首先，就天使而言：

“如果天使没有被神圣的力量刻意保护，没有战胜朝向他的那持续不断的自然引力，他就会被地狱轻易征服。斯韦登伯格肯定地说，他在任何天堂里都找不到一位天使尽管得到升华，内心却处于一种卑劣状态，因而无法衷心地把自己的善良和智慧归给上帝；他把这作为他们智慧的基本原则，而他们把所有的善归于上帝，把所有的恶归于魔鬼。无论天使能够达到人类美德的何种高度，无论他听起来在神圣、安宁与满足上如何深刻，斯韦登伯格总是声称，在他自己身上，或本质上，他充斥着各种自私和世俗的欲望，实际上完全无法将其与最低劣的魔鬼区分开来。还有比这更忠诚的证词吗？这样诚实的心和明察秋毫的眼睛，以前有谁能像这样，不为那些华而不实的东西所诱惑呢？我承认对我来说这种惊异是无法形容的。在那个堕落的世代里，还有谁能对人类做出这样的贡献呢？你能断言有哪个与他同时代的人，被允许进入宇宙中最光彩夺目的队伍中……他从来没有一刻失去平衡，或低下他卑屈的头表示敬意，而是坚定地保持他对人类平等这一伟大真理的不可战胜的信念。乔治·华盛顿无疑是一个完美无瑕的名字，在他与世界交流的各个层面上都是如此；但是，与灵魂内部这种伟大的交流相比，这种交流是多么渺小啊！与这个受人尊重的真理老战士那深沉、安详、无意识的仁慈相比，他的美德显得多么幼稚、多么质朴啊！凝视不那么令人目眩神移的太阳的光彩，毫不畏惧地注视地狱那幽暗的深渊，保持自己的自尊，或对神圣之名的尊崇，不被一个领域中最精微的诱惑物所吸引，对他人身上赤裸的恐惧毫不动心，这意味着一种灵魂的英雄主义，但这不是古老教会的工作，即使在其最高的神圣性之处，而这些，让古老的王国即使是在

---

① 出自《社会：人获得救赎的形式》（*Society: the Redeemed Form of Man*，pp.314–318）。

那最负盛名的阐释中，也无法显现自身。”[①]

这里有几个更严肃的段落：

“真正的或属灵的创造忽略了主体的道德情操，即不允许人之间有善恶之分，而这与神圣思想是完全相关的。在斯韦登伯格所遇到的天使中，没有一个那样愚蠢，竟把他身上所显露出来的善归于自己；而没有一个魔鬼可以聪明到不这么去做。简而言之，斯韦登伯格笔下的天使与魔鬼之间的根本区别就在于谦逊与高傲；后者总是具有一种未被驯服的自我，或一种自傲的性格，前者总是或多或少地被培养出来的。”[②]

“因此，斯韦登伯格在他所有的书中，从开头到结尾，都表明，上帝在天使身上没有欢乐，在魔鬼身上也没有悲伤，除了……他们有助于加强或削弱……上帝在整个地球上的存在与旨意的普遍性和特殊性。主的爱，正如斯韦登伯格一贯所述，是一种普遍的爱，是全人类的救赎；因此，任何一种教会形式都不能引起他的注意。因为这实际上与人类社会的利益是不一致的；也就是说，它本身并没有在结构上再现和保证普通人类的亲密、不可分割的友谊、平等和兄弟情谊。”[③]

以下是关于善恶的抽象陈述：

“善与恶，天堂与地狱，不是创造的事实，而是纯粹构成性的秩序。它们主要与人的自然命运有关，而与人所具有的精神自由无关。它们仅仅是我们自然意识的一般特征，这就是它们的全部。它们既没有明显的超自然性质，也没有任何功效。它们与人类相关意识的领地有简单的构成性关联，并因此放弃与人类精神和个人自由有任何适当的创造性或宰制性关联。传统的教育告诉我们，善与恶、天堂与地狱，都是客观的现实，都有一个绝对的基础存在于创造的完美中。但这是最赤裸裸、最令人困惑的废话。它们没有一丝客观的实在，也不可能被绝对的神性完美所激活。它们是纯粹的主观现象，完全由被造物的不完美激活，或它们有助于我们暂时的道德和理性意识。相应地，当这种意识——不仅完成了其合理的职能，并且变得像现在一样仅仅是对族群心灵重生的阻碍或

① 出自《基督教的创世逻辑》（*Christianity the Logic of Creation*，pp.17–18）。

② 出自《斯韦登伯格的秘密》（*Secret of Swedenborg*，pp.106–107）。

③ 同上，第 78~79 页。

冒犯——终于在其恶臭中过期腐坏之后，后者坦率地允许自身消失在我们不断前进的社会和审美意识中，善与恶、天堂和地狱，才将不再是表象。因为天使和魔鬼、圣徒和罪人，将会发现他们自己完全融合其中，或在一个新的或综合的种族气质中被改造——这种气质将对我们最好的经验或实验气质嗤之以鼻，这就是我们现有的公民和教会的气质。”①

还有一个引用可以为我们对詹姆士先生哲学这方面的说明做一个总结：

“人与人之间并无根本的区别。所有人都有一个相同的创造者，有一个同样的本质存在；将人与人从形式上区分开来，将地狱与天堂区分开来的，是它们与神圣的自然人性的不同关系，或者与自然之中上帝生命的关系，这是一种完美、自由和自发的生命。在那种生命中，自我之爱自由地让自身从属于邻人之爱，或者通过提升全部人类的福祉来提升自己的目标。但是，只要这种生命完全不被人察觉，只要没有人会期盼，和他已经实现的相比人有别的社会命运可能，就会让人从团体和与他人的平等关系中被排除出去。除了有一种微妙虚伪的形式，自爱是无根的。而且，通过实际上维持自身存在的方式，它被迫对自身进行随意无序的断言……骗子、小偷、奸夫、凶手，毫无疑问这是神圣生命的彻底堕落，而这种神圣生命隐含在每一个人的形式之中：他贬低和玷污自爱，让其能够在神圣自然之人中引发兄弟之爱的自由从属状态中脱离；不过，他是以一种无声的、无意识的对于一种压倒性社会暴政的反抗方式而做到了所有这一切——这种暴政会在统治机器和阶层制度下摧毁个人的独特生活。因此，我深信，如果不是这些人，如果不是我们那些大而无畏的、能够摆脱现有社会从属地位的人，在地狱般的气氛中揭示出人性的自由和蕴含的生命，那这种生命和自由可能会被彻底扼杀；我们现在就会变成一个卑劣的奴隶民族，没有对上帝的希望，没有对我们同胞的爱，而仅仅是满足于亲吻那些永远正确的罗马皇帝的脚，满足于听从不容置疑的俄国皇帝的命令。这些人不认识自己，他们放弃了人性的希望，一头扎进无边的黑夜。只有这样，我们才能跨过那污秽的躯体之桥，最终跨过那可怕的深渊，进入永恒之日。那么，让我们至少去果决地承认对他们的责任，让我们将他们看作是人性无意识的殉道者，他们为一个如此

① 出自《社会：人获得救赎的形式》（*Society: the Redeemed Form of Man*，pp.251–252）。

神圣的事业而死，这个事业如此崇高以至于不会接受有意识和主动的攀附。它又是如此神圣和甜美，人最终是要去证明它的，即使对他们有一些不好的记忆，人们也会将他们重新安置在永恒时代的爱和仁慈之中。简而言之，让我们同意斯韦登伯格的看法，这些人的可憎和可怕只是在神圣之光中才看起来如此，他们已经披上了神圣自然人性这一难以察觉的伪装，他们不会在如下问题上失败：以他们庄严的耐性获得全面的胜利。而这仅仅是因为，通过一种不朽的神圣本能，在每一次从天上的坠落中，他们对自己总是珍视的，他们感到自己是人而不是魔鬼，并且，他们伤痕累累且四分五裂的军团从未停止挥动一种关于有意识之自由和理性的旗帜。”[①]

这就是詹姆士先生作为知识分子的使命，在他与出生其中的教会的关系中，并没有出现一道防护堤来抵挡灾难。对于教会来说，特定的人是一个单元，上帝在最后时刻会处理他。无论教派采用哪一种神学公式，无论是出于什么原因造成破坏，无论拯救意味着什么，他们都可以进行分配，总之我们中的一个成为上帝的荣耀承载，而另一个则会从其视野之中消失不见。他因此就站在我们的对立面，他是一个判决者，一个外来者，因而最终是一个敌对的力量，通过他所做的绝对区分，他那沸腾的生命充满个人的嫉妒与贬斥，而这是这个世界毁灭的原因。

这是一个自传性的段落，可能会引起对教会糟糕管理的一些激烈评论，我们的作者出手阔绰地让其散布在文本之中[②]：

“我从来不会质疑我的道德经验，善与恶，所有这些素材的绝对性。我从不怀疑无限与永恒的后果，它们在我看来被卷入我个人的意识之中，或者卷入我的情感之中。在这种情感中，我习惯性地珍视我与上帝的个人关系以及对他的责任。我从没有怀疑自己被置于与神圣之名相敌对的位置。相反，我认为自己是上帝真诚的朋友，因为我是一个最渴望，并尽职尽责地追求道德完美的人。然而，我自己宗教生活之中全然的无意识趋向是如此的自我主义，我那种虔诚的一般色泽却通过一种内心深处

---

① 出自《基督教的创世逻辑》（*Christianity the Logic of Creation*，pp.104–107）。

② 他早期的著作在很大程度上受到了对正统学说及其实践和教学进行负面批评的影响。这篇题为《旧与新的神学》的文章（收在《演讲与杂记》中），以及名为《基督教堂不是教会主义》的著作，都是这方面的杰作。最后一部作品似乎是在一个特别欢乐的时刻写成的，其特点是有着充满魅力、清新温和的语气。

的自私，以及对于全部人类的冷漠而铮铮发亮。到目前为止，我对他们的行动针对的是我自己的拯救，即，我从来没有反思自身，从来没有回忆我自己的个性残留在时间海洋之沟壑上的任何踪迹，从来没有颤抖地说服自己跨过精神放荡的深渊，我自己就永恒地悬浮在这深渊之上，并不断地向着我自己被吸引的地方滑落……从出生那天起，我不仅不知道是否拥有一种真实的欲求，一种未被满足的本性欲求，而且，我也不能够任性地随意发挥自己的意志，这就相当于维持一个善良家庭的生计平衡。然而，成千上万的与我类似的人，各方面都与我平等，在许多方面还要优于我，却也从来没有在一生中享受过美好的餐饮、睡眠、衣物，除了付出他个人辛劳的代价，或者他父母或孩子辛劳的代价，他从来没有能够在不遭受严重社会处罚的情况下，放开用以束缚个人任性的缰绳。可以肯定的是，我应当恰当地获得食物、住所、衣物，并且我应该接受教育摆脱本性的无知……但是，对于神圣正义或正直来说，这是一种可怕的侮辱，即，我应该通过所谓的社会得到保证，可以终生享受或者自我放纵。这么多的男男女女，我的长辈，日复一日都痛苦地吃着、住着、穿着，最终在同样的无知与愚蠢中默默死去，唉，这和他们还在婴儿摇篮中时的无辜状态是不一样的……

“现在，我早就觉得，自我之中这种深度的精神诅咒来自一种被伤害和被侮辱的神圣正义，它长期在精神之中被压抑着，饱受这种违背良知的抱怨与威胁，我没有看到任何可以逃离的大门向我敞开。也就是说，我敏锐地意识到，如果不是上帝的眷顾，我的骄傲和虚荣心会被不断羞辱和摧残，我将比任何一个人都更能接受现存最残酷的现状。我并不知道有什么外在的需求，我有着最充分的社会认可，我享受与名人的交流和友谊，事实上，我漂浮在充满罪恶的海洋上，如果不是在心中对于神圣的正义有所敬畏，我会一直那样冷漠，这种正义不时给我那已经麻木的同情心和贪婪的野心带来精神上的恐惧。我应该在那种自满之中消耗我所有的日子，我也从来没有想到过我同胞们的外在需求——他们对于自然和社会的需求——实际上是我自己更真实的需求，我自己更内在的与上帝相关的某种匮乏的显见标记和后果。因此，我的宗教良心是对上帝的一种深切忧虑，如果说它们不是实际上完全分离的话，那这种良心就使我的理智充满了各种困惑的思索和阴郁的预感。做我所能做的，我从来都达不到最低限度的宗教上的自我满足，也从不把我虔诚的天性推到实际上狂热的地步。也就是说，因为我在道义上独立于我的同类，或有意识地与我的同类对立，无论我做什么，我都无法成功地说服自己：万能的上帝对我的个人能力有丝毫的关心；但这是教会强加给我的独特的精神负担。我一次又一次地咨询我的精神导师，想知道怎样才能使我完全沉浸在真理的简单喜悦中，就像在基督里一样，而不考虑教会或我的宗教品性的收益。他们总是对我说，这根本不行；如果我的教会式的同情心，或者我的宗教品性的要求什么都不是，我对基督的信仰也就什么都不是，因为魔鬼和我一样相信基督。这种反驳显然是恰当的，魔鬼相信且战栗着，而我相信且欢愉着，我的这种欢愉是无法控制的，只有当它与有关我自己的任何问题相结合时，才会受到阻碍。通常情况下强加给我的明显的定论是，一个人的宗教信仰，或者他带着教会的爱，在福音之下取代了他的道德立场，或者他在法律之下对国家的爱；因此，并没有多少真理上的喜悦仅仅因为真理自身之故，可以在精神上对我有益，除非谨慎地考虑到一种神圣的公共意见。

"想象一下，我欢乐惊喜，我热情放松，当在这种赤裸鲁莽的宗教状态之中，没有讨厌的教会用作装饰的无花果叶服饰来遮蔽我的身体免受神圣的严酷考验，我终于第一次看到了启示录的精神内容，或者说辨别出了基督教真理的深刻哲学范畴。这一真理立即鼓励我听从我自己重新生成的理智本能，不管教会，也不进行进一步的磋商，或者将所有我宗教品格关注的东西都归咎于魔鬼。如果仅仅只有他的话，这样的关注就是一种启示。基督教真理确实……教导我把教会最残忍的诅咒看作上帝最热忱的祝佑，因为无论什么在人之中被认为是受尊崇的——即，人的私人或个人正直，其中教会是特殊的主角与证人——在神那里都是可憎的。换句话说，基督教精神意味着完整的神圣名字的世俗化，或者它从此只与人类共同的或自然的需求相一致，这种需求对于所有人都是绝对的唯一，以及由此导致与他个人的完满世界彻底疏远。在那里，每个人都有意识地与他的邻人区分开来：这样我可能永远不会渴望神的恩宠，也几乎不会渴望神的宽容，除了我的社交能力和被救赎的自然能力之外；这就是说，我在道德上认同广大的族群或宗教群体，并不培养对付他人的敌对意识，相反的，我直接地否认每个人对上帝的希望——这种希望并不完全来自他对人之本性的救赎，并不仅仅基于他对于族群无差别的爱。”[1]

---

[1]《斯韦登伯格的秘密》(*Secret of Swedenborg*，pp.170–176)。我附加了如下一些表达相同观点的段落：

“教会的精神是人性中突出的邪恶精神，它是造成一切更深刻和无可挽回之不幸的根源。我求你，不要把我的意思理解成是在说教会刺激了人的实际的或道德上的邪恶。我没说过这种蠢话。因为众所周知，教会在其信徒中刻意培养对道德价值或尊严的感情，培养他们和其他人之间的区别或差异的感情。只有这样做，她才能使他们在自然的，向着自我统一体或自我努力的倾向中被固定或强化，这样就把他们的手脚束缚在精神的骄傲上……无论一个人多么自私或世俗，这些都是十分诚实的自然之恶，你只需要在两种情况下运用一个足够刺激的动机就可以诱导实验对象克制它们。但属灵的骄傲是人里面所独有的恶，从属于人自身，或者被他当作自己的存在而活着的，因此除了以外在的自然表象形式之外，他是不能知道的。因为它不像道德上的恶那样仅仅是对善的挑战，它是对善实际的、致命的亵渎，或者过分地承认它，把它置于个人的、自私的、世俗的目的之下。这是上帝的旨意所知道的唯一真正可怕的邪恶，它是自以为是的，因此这是唯一一种本质上威胁破坏上帝宝座基础的邪恶。”

——《社会：人获得救赎的形式》(*Society the Redeemed Form of Man*，pp.200–203)。

“那么，主观或个人意识就是，我们所有人都有一种感觉，我们自然的自我绝对是我们自己的，而不涉及任何更大的自然客观性。以社会为例：每一个人都因为他那有限性而被沉沉死气所包裹……在全面性和强度上，如果允许它不被纠正，没有任何邪恶可以与之相比。因为这对人的属灵生命是全然致命的。这属灵生命即爱自己一样爱他的邻居。一个人要做到这一点，唯一可能的方法就是感到他不是以自我为中心的，他的生命不是自己的，乃是与人同在严密的社区里；因此，他和他的邻居每时每刻都是相互依存的，对于每一次生命的呼吸，他们都依赖于同一个仁慈而公正的源泉。换句话说，一个人爱他的邻居就像爱他自己一样，只是因为那第一个爱他的上帝高于（或者可谓是最高的）他自己。这种至高无上的爱在他身上得到发展或教育的唯一途径，就是通过他的道德经验，或他对法律的服从。无论何时，只要人被引诱说假话或恶毒的话，去偷窃、奸淫、凶杀、贪婪，而他会处于一种真诚的对于神圣之名的内心尊重而不做这些，那么此时，他那有害的自爱，在精神上就被取消了，而神圣的爱就会万无一失地取代它。这些形式的罪恶表现了人类内心所知的全部实质罪恶，因此，当人感到自由和理性时，把他们或他们中的任何一个人从对其行为的习惯性控制中解脱出来，不是因为这些事与他的表面利益相冲突，也不是因为这些事使他受人轻视，只是因为这伤害了他内心对神的崇敬，他在灵性上的重生。谎言、偷窃、通奸、谋杀和贪婪，换句话说，只是一种更深层次的、完全潜伏的、将人与上帝分隔开来的精神上的邪恶标志或符号：这是极度自爱的罪恶。虽然这些罪恶本身无疑是严重的，或者绝对是严重的，他们只有一种肤浅表面的道德品质，也就是说，从人们之间尚未和解或不和谐的关系中产生，或者说是他们对社会情感的坦率屈从，这当然并不一定意味着他们与上帝之间存在任何永久的精神或个人上的疏远。”——《社会：人获得救赎的形式》(*Society: the Redeemed Form of Man*，pp.270，268–269)。

正如我已经说过的那样，“自然神论”是詹姆士先生为如下教义起的名称，这个教义认为上帝外在于一种绝对、实在之主体存在的多元性。

“如果教会 ...... 能够真诚地感受到她一直在正式宣称的事实，即上帝是我们本性的唯一真实和积极的生命，她或许可以把自己置于人类事务前头，并胜利地引领人类渺茫的希望，对抗阴沉、迷惑的神，而他们在世界各地都影响着统治的权力……

“一群真正不受约束的人，在精神上和智力上都不能认识到，任何对他们来说是致命的或可怕的‘绝望深渊’，就像自然神论一样。自然神论认为上帝本质上是人之外的一种力量，因此他对人来说是既有害又可恨的。自然神论是唯一在逻辑上有力量使人对上帝充满绝望的学说，它使人的人格成为实在。但是，这种可恶的自然神论教义是教会本身最珍视的教义，没有它，教会就会承认自己只是一个疯狂的组织，在这个世界上没有其他的事情可做，因此也就不可能再由教会来引导人类的思想。在管理人的更高利益方面，除非她立刻放弃她依赖的教条，并忠心地回到早期信仰，那曾经是她唯一的财产——上帝，唯一的真神，唯一值得鼓舞心灵去奉献的神，不是任何国家的神，或另外的超自然的神，而是简单的耶和华，即神 - 人；它象征性地让我们在基督中领会了解，因此成了最内在的神，充斥着我们自己的本性，让严肃的事情成为闹剧。它事实上是自然的本质来源与提供者，并且在精神上，将我们从我们自身最荒谬、不诚实的人格所产生的污秽与限制中持续地救赎出来。

“但期待教会复兴是愚蠢的，甚至比愚蠢更糟糕。《圣经》就算再写一遍，也不会让那个陈腐的妓女母亲再次被假定，她会在她的婴儿时期就得承甘露，并把人类的希望寄托在与自然神论的压迫及暴政进行耐心而持久的斗争上。在历史上，教会与自然神论的名字和头衔是绝对一致的，因此，没有任何正直的人类事业，也没有任何对人类真诚的热情在教会中诞生或传播。可见的教会实际上已经完全死了，没有牙齿，没有眼睛，没有味道，没有一切。因此，它被一种新的、更微妙的、有生命的或看不见的教会所取代，而这种教会本身不会孕育人类希望和愿景的障碍。”①

① 出自《新的独立教会》（*New Church Independent*，1881，pp.374，373）。

因此“职业宗教”所扮演的危险角色被描述如下：

“对宗教精神的唯一威胁……来自灵魂设定并珍视一种虔诚自我意识的行为，或者在宗教意义上如此充分，以至于产生宗教迷狂或迷信的坏名声。这是职业宗教难以割舍的恶，是它能够带来的唯一真实的结果。宗教首先想要在我们自身之中祛除的是邪恶的灵，这种邪恶的灵是自私之灵，它基于一种最不充分的，对我们灵魂培育中那种暂时性作用的领会。逐渐地抑制或者说克服人之中关于自我的邪恶灵魂，是宗教试图在人自然生命过程中起到的唯一作用；同时，宗教没有太过于认真地对待我们的相互合作：在仁爱的使命完全实现之前，这给予了我们足够多的东西去展开行动。这已经是宗教本性上不变的职责，职业宗教则介入其中，模仿着这种工作，即使它自始至终都带着一种伪善的尊重，它还是努力去重建那些已经被摧毁的东西，通过在一种更华而不实或者更神圣的基础上重构人的自私本性，并以一种对宗教集会，对那个即使不是完全敞开的，至少也是没有掩饰之世界的奉献，验证尚未被玷污的欲望。

“职业的宗教因此标志着魔鬼最精密的布置，用以保证人类灵魂受到束缚。宗教说死亡——内在或灵魂的死亡——指向人的自我的死亡。职业的宗教说：‘不，不是死亡，首先不是内在或精神上的死亡，因为它会存活，很明显，自我必须存活，以便能够让上帝降临其上。因此，让我们不要说有一种自我的内在死亡或者鲜活生动的死亡，而是有一种外在的或表面的死亡，这是被专业地或仪式性地确证的，而这产生了一种自我之基础意义上的改变。自我毫无疑问是建立在一种我们在世界层面上对上帝永远不公正的敌意之上的，而这个世界自身也分享了这种敌意。让人们仅仅意识到——不管是专业地或仪式性地——这种世界层面对于上帝的不道德敌意，他可能会保持自我不受损害和挑战，并一直拓展和发扬它’。

“重复一遍，职业宗教是魔鬼的杰作，用来诱惑愚蠢自私的人类。丑陋的野兽有两个头：一个叫作仪式，试图吞噬一类更好、更严谨的人，这种人有自己的感情和礼仪，他珍视严肃温和的观点，即，人和上帝是不同的；另一个叫作复活论，它有一张巨大的红色嘴巴，意图吞噬那类更为粗糙的人，这些人大部分有强烈的肉体欲求，不可控制的嗜好和激情，他们所在乎的最多就是那朝向上帝的，最为自私的希望，最为自私的恐惧。我必须要说，我们在波士顿并没有因这野兽中的某个头而深受其害——尽管偶尔也会被困扰；相反，我们可以观察到，野兽自己是多么害怕，害怕被当地一只自称为激进主义的小土鸡撕成碎片，它如此傲慢，如此专横地大摇大摆，自鸣得意，忙忙碌碌，我觉得一般而言任何谷仓里的公鸡都不会仿效它。”①

即使拥有《圣经》对我们来说也是无益的，因为它的官方解释已经扭曲了它的精神意义：

“《启示录》无疑已经证明了其对我们文明无可估量的益处。但是，最有秩序的公民却远离自主或者说精神上的男子气概，就像被烤坏的苹果远离成熟的苹果。与异教国家相比，我们实际上就像是与绿色苹果相对照的被烤坏的苹果；但我并不觉得，从树上摘下来的绿色苹果在被认真地烹饪之后，和经过长时间自己成熟的苹果有什么相似的地方，后者依然被挂在树枝上，依然暴露在上帝给予的充足阳光和空气中。我们努力去维持我们过分的自得，它们没有受到对异教徒那澎湃同情心的搅扰，我们派出传教人员，改造他们，让他们也获得我们那些愚蠢的与教会相关的习惯：就好像一个被烤熟的苹果会嫉妒他们同伴的自然成熟，请求让它们也在秋天的平底锅中噼里啪啦地耗费掉自己的生命。事实上，我怀疑异教徒是否会发现，很难将我们当作是被烤熟了的水果。我们与他们交往中沾染的刻薄傲慢，其实更可能让他们将我们仅仅看作是烂掉的水果。不管是烤坏了还是烂掉了，就所关涉的教会和政治礼仪来说，我们都失去了任何内在或精神上成熟的机会。尽管我们的教会中宣扬的良知特别受到关注，也未见我们身上有流淌什么真诚的、自然纯洁的果汁。如果有，我们会不会一年又一年地满足于冷眼看着神职人员、异端和正统派，用上帝的神圣之言（这是一些鲜活有力，并同精神或普遍意义一起跳动的东西）相互攻击，索取权力，似乎这是人所产生的一些微不足道的小东西，一些令人不适的无稽之谈，一些乏味和古老的传统，甚至只是一些虚假的优雅与温柔。”②

---

① 出自《社会：人获得救赎的形式》（*Society: the Redeemed Form of Man*，pp.40–42）。

② 出自《本质与阴影》（*Substance and Shadow*，pp.503–504）。

作为《本质与阴影》的附录，詹姆士先生留给了我们一个寓言，其意义如下（其所表达的意义和采用的说法太好了，我们在这里直接复制引述）：

“几年前，我认识一位绅士，他在热心宗教和谦逊有礼方面是个典范，但他内心中也是个世故的心口不一者，他因为被指控欺诈而在生意上失败了。他习惯于每个周日，在去教堂的路上，都会遇到他最大的一个债权人。在教堂中，他自己的声音淹没在那些美妙的忏悔之中，这些忏悔是各种抽象的罪责和不义；经过那人时，他从不会忘记从头上提起帽子，他会公开地使用各种花言巧语证明他还会为那已经成为空壳的友谊做些什么——但这种友谊的活力或本质都已逝去。债权人已经不耐烦很长时间了，但在这种冷漠的礼貌之下，债权人也开始变得狂暴了，有一天停下来的时候，他的债权人告诉他，只要他放弃展示这种令人作呕的礼貌，他会慷慨地放弃这位绅士从他那里抢走的 1 万美元。这位泰然自若的流氓却回应说：‘先生，在我们相遇时，我不会放弃向您表述我的义务，因为我欠了您 2 万美元！’这就是我们的宗教虔诚。

“如果我们放弃我们一贯的愁眉苦脸和装模作样——此时我们只留给我们的债权人和蔼但却可憎的躲避和鞠躬，那么我们有足够长的时间搞清楚事情的真相，坦白地承认彻底的破产和欺诈，没有什么会比这更充满希望的了。如果我们有承认在精神上崩溃的勇气，上述对于我们短处的处理就会有无穷的力量，我们不再想着要拖延更长的时间，躲开他们和我们自己的视线，做出假装的奉献这种明白无误的胡闹行为；在这种永不到期的偿付允诺下，永远都是日复一日不断更新的责任。上帝不需要我们装得端庄有礼，而且，长时间这么做，会让我们看到他时脱帽致敬的无趣行为变得令人厌恶。他看重我们诚实的优势，而不是我们可笑的赞许。他期望我们的生活不要变成一种专业的谦卑。他希望我们做什么是因为我们自己而不是因为他的原因。他会将我们塑造成对他完美之爱的模仿，只是我们应该享受他那同情相伴时难以言状的快乐。如果他曾经看到我们如此自发地对待他，从而真正获得永恒的参与到他力量和祝佑中的机会，我可以确定，他肯定不满足于在这个世界上得到我们的恭维，也不想再听到我们沉闷的颂歌了，对他而言，这就像是绵羊低叫与牛犊嘶吼。”[1]

根据“最坏的事物来自最好事物的堕落”的原则，在詹姆士先生眼中，如果一般而言，教堂将自己卖给魔鬼，此时主要的罪人就是斯韦登伯格所说的教会，因为它应当被期待知道更多。这一点再自然不过了。因此，他用最激烈的言辞来攻击他们不会有什么问题，——在何种程度上这个可以说是正义或不正义的，我没有能力去评说。当前这本著作中，有一章是专门讨论这些东西的。这里有一个较短的摘录，最好地展示了作者的批判性态度：

“斯韦登伯格教派自认为是新耶路撒冷，这是启示录用来表示上帝在人性中完美精神工作的别称；在这个宏大的标识下，用它来做什么是令人满意的？为什么要带着如此一种渴望与坚决，在旧瓶中装上新酒时关心瓶子是否足够坚硬，但同时又对于新酒质量完全不关心？其实新酒不能很安全地被倒入旧瓶中，只有一种情况下例外，那就是这酒早就变得平淡寡味了，或者一开始就没什么滋味。实际上，斯韦登伯格教派的基本目标当然不是它自己宣称的那个，就其推动者而言，不过仅仅是努力争取更高的工资，即，和更古老的受人欢迎的教会相比，从信众那里获得更高的报酬。和所有的努力一样，它可能最终屈服于古老组织传统上积累的巨大数量的财富（或者公共尊重），这让它们能够在任何酷寒情况下进行冬眠熬过寒冬，只要吸吮它们的手指，并不需要吸收什么新的东西。毫无疑问，叛乱分子通过使古老教派陷入贫困以让自己变得更强大；但它们并没有在公共层面产生实质性的影响，因为人们通常来说不关心真理，而更关心他们能享受到的好处。教条也没什么，确定无疑的是，所有教条的基础都是人类的本质，这才让教条似乎宜人悦耳，不管在技术层面说它究竟是健康的还是不健康的。在这里，新的教派在与所有古老对手的竞争中处于劣势；因为古老的教派正为它们古老的局限性而感到羞愧，进而慢慢地拓展自身，表露出对于人类欲求的同情。另一方面，自命为新耶路撒冷的教派故意放弃对于神圣斗争的所有兴趣——这种斗争在社会中是无处不在的，是社会为其存在而进行的反对既定的

---

① 出自《本质与阴影》（*Substance and Shadow*，pp.520–521）。

不公正和神圣的欺骗——以便能够集中精力与审慎，专注在自己极其肮脏龌龊的小身体上进行梳洗打扮、胡吃海喝、喷香撒粉这些事情。这种伪善的精神，分离或分裂的精神，完全就是地狱的精神；它试图表明自己不同于他人或者声称比他人更为圣洁，而这是其遇到的唯一确定的诅咒……不管他是公正地还是糊涂地去反对斯韦登伯格教派，让读者直接去面对这种卑鄙的教会妄言吧。”①

因此，在全部人类心中那种对上帝公正无私的感受，坚定了詹姆士先生的心，让他在所有地方都反对那种“愚蠢的个人道德主义的呓语”，也让他对任何具有教会名称的东西都冷酷无情。在将其哲学提升到这点时，我完全没有提到基督教。他当然是一个基督徒，而且是最虔诚的那一个，当然是以他自己的方式来表现这种虔诚，——一个卑微的基督徒，就像一位波士顿的牧师在他去世时所说的那样。不过我承认，在他的宇宙图景中，我自己找不到基督的使命有任何根本或本质的必要性。那里有“堕落”，有救赎；但就他对人的团结的看法，我们都是总体秩序的救赎者，只要我们每个人在哪怕很小的一部分上向着上帝的精神打开我们自身。我们的声明在整个精神世界之中回荡着，这帮助建构了那样一个“社会”，而这才是人在其中被救赎的形式。他所给出的所有对于基督的解释，确实在这样一种功能的意义上呈现基督，在一个较小的程度上大家都能一致分享的层次。我不禁想到，如果我的父亲出生在没有基督的荒凉世界之外，他也可能很好地将他系统中的所有其他东西聚集在一起，如同它们现在被组合起来的那样，但却相对较少地需要借助基督的力量。当然，这点还是很含混的，我还是让作者为自己说话吧。

他在许多地方谈到基督——总是伴随着如下的口吻：

“假设一般意义上人类之父比犹太人更关心犹太人，也更关心其他人，实际上想要给予前者和后者无穷的尘世统治权，这很显然会让神圣品性黑化，也会让每个恶魔的野心被鼓动而炽热起来。而这就是字面意义上犹太人对耶稣基督诞生所希望的。无辜的婴儿睁开他的眼睛，看着父母兄妹、邻人友人、统治者与牧师，他被那些预示他出生的奇迹惊呆

① 出自《斯韦登伯格的秘密》（*Secret of Swedenborg*，pp.209–210）。

了[①]，毫无疑问，随着他渐渐有了理智，他自然就沾沾自喜地听着那些个人提升的允诺，那些他们给予他的荣光。伴随着每一口母亲的乳汁，他被吞没在最精巧的精神牢笼之中，吞没在宗教束缚之中，而且，就人的可能性而言，这些让他最终成为彻底的魔鬼。我没有在历史上发现有人屈从于此种困扰真实之人的诱惑。我找不到有其他人，感受到自己被这最谦卑的人类之爱所召唤，以至于厌弃、否定某种骄傲，而向往那孕育他的怀抱。我在历史上找不到任何一个人，他对无限的善良和真理的深切崇敬，会驱使他放弃了他祖先的宗教，仅仅因为那个宗教认为自己至高无上的扩张乃是宗教关切的问题；但对人的深切的爱让他放弃了一切爱国主义的义务，仅仅是因为那些义务明确与他的自爱中最极端和最微妙的感觉相契合。毫无疑问，许多人已经放弃了他自己传统的信念，因为这与他对国家的嘲弄与鄙夷是联系在一起的，或者它们阻碍了他自己的个人野心；因而可以确定，许多人已经放弃了他的国家，因为国家否定了他自己的能力。简而言之，每天都可以找到无数人出于自爱的直觉而做这样的事情。但基督教的事实，其永恒的特性在于，基督自己完全

① 关于詹姆士先生对《圣经》的批评态度，这里说的并不出格。凭着他所受的教育，凭着他那坚韧不拔的感情，他根本不可能不把《圣经》当作灵感之书。然而，他所生活的启蒙主义气氛却不允许他保持这种使他年轻时感到满意的、简单的写作方式。他终于在这个既不轻信也不纯粹理性的思想状态下进入问题，这一点其他人也不容易为他辩护捍卫。书中有一章是专门用来进行说明的，同时，如下引文可以让我们理解这种跨越：

“我承认，我一想到要对任何福音书的事实提出质疑，就像要往我母亲的坟上吐唾沫，或者对她那无可挑剔的记忆提出任何其他的冒犯一样。而这，并不是因为我认为他们字面上或绝对意义上正确——因为整个事实王国远在真理王国之下，正如大地远在天堂之下——而是因为它们提供了一个不可或缺的词，或者说是万能钥匙，来帮助我们理解上帝亲自就人性给出的伟大启示。当有人问我是否相信基督从童贞女中出生，从死亡中复活，升天等事实时，我不得不回答：‘我既不相信他们，也不怀疑他们，因为所涉事实完全在人类知识的范围内，因此既不让人相信，也不让人不相信；但我有一个最深刻的，甚至是衷心的信念，他们的真理，只有他们才能揭示，上帝本质上是人之完美的真理。’正如这句话所暗示的，他的自然的或偶然的人性这一令人惊讶的真相是：这种信念使我幸运地对许多我们博学的现代学者所抨击的廉价而轻率的怀疑主义漠不关心，也完全不感到烦恼。我对这些事实一点也不看重，甚至连尊重都没有，除非是为了建立或最终形成这一伟大的创造性或灵性的真理；而这种真理据我所知，就其与事实的关系而言，无论是赞成还是反对，如果它是我同时代人推理的结果，我都会沉着冷静地不去理会。”——《社会：人获得救赎的形式》(*Society: the Redeemed Form of Man*，pp.294–295)。

没有借助那个巨大杠杆的帮助，实际上那个杠杆正在破坏他的力量，并使他陷入永恒的死亡。他诋毁他的父辈的那些神，仅仅是因为，他们给予他无穷的荣誉；他远离亲人和同胞，只是因为他们想要给予他无与伦比的感激与祝佑。如下的表述是多么过分啊！历史上所有的伟人都在这个一尘不染的犹太青年身旁忏悔自己，在最黑的夜晚——牧师或统治者、友人或邻人、母亲或父亲、兄弟或姊妹都在乞求他的帮助。事实上，如果我们这么想的话，只是因为对娼妓、浪子这些饥肠辘辘的乌合之众那些许的微弱同情，他才能给予那不体面的跟随者一些东西，而这进一步让他饱受凶猛的嘲讽，嘲讽他所有那些虔诚。在他的国中，他受人尊敬、拥有权势——让永恒的光芒照在灵魂之上，通过坚韧地将他的私人精神拓展到普遍人性的维度，从而在历史上第一次把有限的人类怀抱与无限的神圣之爱完美地结合在一起。就我自己而言，我可以自由地宣称，我发现任何一种优先于这种绽放人类形式的神性概念，都是对于我们自身人性不言而喻的背叛。事实上，我可以毫不犹豫地说，我发现，通过比较，正统的和流行的关于神的概念仅仅是鼻孔里的一种令人厌恶的臭气，而我对此提出我强烈和持续的抗议。相较于每个神，它只是以一种庄严的力量来说明人自己的本性，以至于让我觉得人不过只是为了名誉；而任何一个神都不同于最严格意义上的人，任何一个神本质上都与人有着不同的目标，它是一种纯然的过剩和麻烦，因而，我总是珍视最热切、最愉悦的无神论。”[①]

---

① 出自《基督教的创世逻辑》（*Christianity the Logic of Creation*），pp.214–217。

詹姆士先生在另一个地方说：“天使不能做基督的工作——协调人的自爱与神的纯爱——因为他的全部活力不是来自自爱与更高爱的调和，而是来自它被强行驱逐，甚至有可能的话，来自其灭绝。但在耶稣的心中，通过他那些关于民族希望的文字，将自己暴露在无穷无尽的私欲涌动之中，然后，在普世之爱的感召下，联合的必要基础终于找到了，无限的智慧终于得以直接而充分地接近最有限的智能……在这个崇高而坚定的灵魂里，我说，神与人的婚姻终于圆满了。因此，从那时起，我们本性的无限和永恒的扩展，不仅成为可能，而且是绝对不可避免的。因此，从那时起，丈夫和父亲、情人和朋友、爱国者和公民、牧师和国王，已经开始具有更多人性化的因素，逐渐披上了华丽的外衣；或者说，同样的是，人类一般的心灵已经学会轻视和否认一切绝对的神圣：不仅仅是我们破旧陈腐的人类神圣性，神职的和王权的、婚姻的和父母的，还有每一个最著名的神圣本身，好像它的胸怀不是最宽广、最温柔、最耐心和最坚定不移的人类之爱的归宿。”——《基督教的创世逻辑》（*Christianity the Logic of Creation*，pp.200-201）

读者现在应该能够自己判断，是否老亨利·詹姆士的作品值得进一步研究。对我自己来说，没有什么比这更令人感到愉快的了，用这种“谦逊”的语言介绍可能会让更多的公众翻开所涉及的那些著作。虽然就像将会被注意到的那样，作者给予了斯韦登伯格教派充分的信任，将其作为观念的来源，我还是要将他看作一个原创思想家，他的哲学并不是借鉴他人的。斯韦登伯格教派的许多门徒，利用自己的权威，说在神圣的文本中没有什么能够证明詹姆士先生的观点。当然，至少可以说，詹姆士先生从读者都能够看到的东西中，为斯韦登伯格教派的教导提供了对于各种要素非常不同的强调和视角，而这些要素之间是相互关联的。就像在其他作家那里一样，在斯韦登伯格那里，很多东西都不重要，而到底什么是真正的斯韦登伯格主义这个问题，很自然会被不同的门徒以不同的方式解决。事情既然是这样的，我个人没有其他的什么意见，我认为最好在前面的几页完全忽略斯韦登伯格这个名字；这并不意味着预设判断，或者将我父亲不承认的东西当作原创性的观点硬塞给他，我只是希望尽可能地做简短而不复杂的阐述。

在做了这么多的阐述之后，做出一个评论可能没有什么不合适。对于欧洲人来说，一般意义上的有神论，通行的宗教，尽管经历了各种明显的改变，本质上依然信仰多元论，甚至可以说是多神论者。犹太教和基督教都不会倾向于改变这种结果，或者让我们以另一种眼光而非一个群体视角去看待世界。这个群体无论他们是如何产生的，他们现在都各自地、实质性地存在着，重要的是他们相互之间的实践关系。上帝、魔鬼、基督、圣徒和我们，都是这种存在物。无论是一元论还是泛神论的形而上学，都已经悄悄溜进了基督教的历史，而这些历史本身受限于时代、教派和个人。对于大多数人来说，多元论的实践事实已经成为宗教生活的充分基础，而超现实的统一体只是某种口头表达。

在形而上学理论眼中，这种观点可能看起来很天真，就像在知识分子眼中，它看起来有局限性，视野狭隘，缺乏尊严；但无论多么心思细腻敏感，都不会有哲学家会冒险去藐视它，除非他准备好说，可能欧洲的精神全是错误的，而亚洲的精神是正确的。虽然上帝被当作人们当中的一项准则——他是领头羊——但他有温度，有血性，有个性；他是一个具体的存在，他不会如历史所展示的那样，让学者去爱他，为他做牺牲，为他而死。他的存在就如同是一出戏剧中的一个人物，戏剧性的闪光点可能是因为，他演出这出戏剧，这出戏剧也是关于他的，这些引发了人们的关注。

然而，“唯一的存在”，普遍的实体，事物的灵魂与精神，一元论形而上学的第一原则，如果我们愿意，可以称之为神学的东西，是虔诚的；而我们必须承认，与永生的上帝相比，一元论形而上学的第一原则，无论我们怎样称呼它为神学的并且如何崇敬它，似乎总是一种苍白的、抽象的、没有人性的概念，而前者才是我们无数人所真正崇敬的。这样一种一元论的原则从来没有被大多数人崇敬过，直到人类精神结构发生改变。

现在可以说，詹姆士先生关于上帝概念的伟大之处是，它是一元论的，但也足以满足哲学家的要求，并且是足够温暖，足够有活力和戏剧性，能够灌输给普通的支持多元论者的心灵。这种双重特性似乎使这一概念成为对宗教思想全新、独创的贡献。我将其称为一种足以满足形而上学家的一元论，因为尽管詹姆士先生的体系只是一种单调的一元论，他还是让上帝成为那个唯一的有效原则；而这实际上恰好是所有一元论的要求。我们的经验塑成了我们，它是对的，它让我们在自我之中，了解上帝的另一面；但是对于詹姆士先生，这个他者，这个自我，没有积极的存在意义，它只是无价值的、临时的幻象——灵魂被上帝的爱吹动，变成了单纯对逻辑的否定。而这样一种一元论，因此而缓和下来，能够向一般大众的心灵言说。仔细阅读詹姆士先生描述的，把上帝的创造描绘成一种无限的，向对立面屈从忍让的热情，就会发现他的说法能够令读者信服。神人同形同性论和形而上学在这些段落中，第一次和谐地携手并进。同样的阳光照耀在封冻的抽象山巅，照亮了生活中的平淡无奇——在那里，没有鸿沟，开阔的公路绵延其间。

人们会说，这种神性概念的非凡力量和丰富性，应该使詹姆士先生的著作对于宗教思想的学习者来说是不可或缺的。在力所能及的范围内，每个旧元素都会获得一个崭新的表达，每个旧元素都会出现惊人的转折。很难相信，当人们更好地了解它们时，它们不会被认为是我们语言所拥有的少数真正原创的神学作品。因此，即使是那些认为没有神学思想能具有决定性的人，由于这个原因，也不会拒绝在文献中给予它们一个永恒的位置。

它们最严肃的敌人将是哲学多元主义者。正如我所说的，日常宗教天真的、实践上的多元主义，不应当与它们教导的一元论相冲突。尽管有一种通过反思和考虑强化了的多元主义，面对一与多的古老神话，一种多元主义还是在认同中徒劳地寻找安宁，最终的结果却是以一方反对另一方结束。在我看来，所有哲学差异中最深层的不同，就在于这种多元主义和所有形式的一元论之间。除了分析和理智论证之外，多元主义是这样一种观点，我们事实上在完整地实践我们的道德能量时，总是倾向于它。然后，我们在痛楚中感受到的生活确证了自身，但没有什么东西诱导我们将其追溯到某个更高的来源。无论实际上面对哪种恶，我们都如我们所见地面对它，我们也很乐于认为它们天然就具有现实性；而作为绝对的外在物，我们希望对其有一种征服的力量。或许有一天，我们无能为力，无法思考，我们关心的不再是综合我们的弱点和我们的力量，世界上的好运气和坏运气，用一个共同的分母来将他们二分为各个分子，还原为波动较小的单元，包括一些不那么偏袒，更加确定的善的形式。对行动的感觉，简单来说，让我们用一只聋了的耳朵去倾听存在的思想；而这种充耳不闻和不敏感，可能会被说是形成了一个完整的，在一般说法中被叫作"健康心态"的东西。任何绝对的道德主义都必须是一种有健康心态的多元主义。在多元哲学中，有健康心态的道德主义者总是感到自己如同在家中那样自在。

但健康的心态不是生命的全部。相比之下，病态的观点要求一种与绝对道德主义完全不同的哲学。在一种虚弱，一种无助的失败，一种恐惧的意义上，认为个人的意志和努力"全部是病态的"，这就是在说对他而言最恐怖的东西。他所渴望的，乃是因为他的无能而得到抚慰，感受到宇宙的力量承认他、保护他，包括他所有的消极和失败。好吧，我们都有可能是这种病态之人。我们中最理智和最好的人，是与疯子和监狱中的囚犯一样的人。不管我们何时感受到这些，这样一种我们对自愿从事之事业的虚荣心都会笼罩我们，我们所有的道德都会出现，但确实是作为一种掩盖无法治愈之病痛的膏药，而所有我们的善举都是我们生命应当奠基其上的那些福祉的空洞替代品，哎，其实它们是替代不了的。这种福祉是宗教要求的东西——这种要求如此具有穿透力，如此难以平息，以至于人们没有意识到，这种偶然和外在的福祉就算人们获得再多也难以满足。另一方面，满足宗教的要求乃是拒斥道德主义者的要求。后者希望感知到经验意义上的善恶，通过他积极努力的认知过程，这些成了真实的善恶，而他们之间的区别是完全被保留下来的。因此，宗教和道德主义，病态和健康的观点，二者之间可以说，一方的佳肴就是另一方的毒药。每个绝对的道德主义者都是一种多元论，每个绝对的宗教都是一种一元论。这展示了詹姆士先生的宗教观念，他始终把道德主义作为他最猛烈的攻击目标，并把宗教和它作为敌人彼此对立起来，如果其中的一方想要以一种真正的形态存在，另一方必须完全消失。宗教和道德主义的一致是肤浅的，它们的差异是根本的。只有双方最深刻的思想家才能认清人们当如何行事。流行的观点为了便利，通过妥协和矛盾，通过转换问题克服了观点上的困难。这种不连续性不是对事情的解决，尽管它实际上看起来好像被很多人所认可。毕竟，为了确证他们始终如一的观点，更根本的思考方式难道不需要诉诸相同的实践上的裁判吗？整体看，难道宗教或者说道德主义的趋向不是最有益于人类生活的吗？如果我们将后者看作是最重要的方式，那么它们的成果你一定是知道的。“行动解决问题”（Solvitur ambulando），要做出决定我们可能要等到最终的判决。但同时，斗争是和我们相关的，我们是战斗者，我们看情况坚定不移或者摇摆不定。如果哲学上道德主义的朋友想要让其服务于理性，这与我父亲的看法完全不同，他们之间必有一场激烈争论。我父亲有一种精神，这种精神几乎是他那充满信仰的心灵终其一生所努力朝向的东西。

罗伯特·古尔德·肖
——威廉·詹姆士教授的致辞[①]

尊敬的在座诸位，战士们、朋友们：

揭幕仪式赋予我一个职责，用简单的话表达一些感受，这些感受促成了圣高登斯公园这座荣耀青铜作品的塑造，同时，仪式也要求我简单回顾罗伯特·肖和他战友们的赫赫功勋，以便让我们这太容易遗忘的一代人能够记住他们。

做出勇敢行为的人通常不知道自己的形象如此动人。在袭击瓦格纳堡之前的两个晚上，马萨诸塞州第五十四军团一路前行，在雨中急行军；而在战斗的当天，从早晨开始，他们就已经断粮了。当他们饥寒交迫地躺在傍晚的暮光中，对抗着莫里斯岛冰冷的土地，海雾飘过他们身旁，

① 收录于：《纪念罗伯特·古尔德·肖》（*The Monument to Robert Gould Shaw*，Boston：Houghton Mifflin，1897，pp.71-87.）。

罗伯特·古尔德·肖，南北战争期间联邦军队的上校，曾指挥马萨诸塞州志愿步兵第五十四团，这是北方组织的第一个黑人士兵团，1863 年 7 月 18 日在攻打南卡罗来纳州查尔斯顿附近的瓦格纳堡时阵亡。该团的历史见 Luis F. Emilio（路易斯·F. 埃米利奥）. *A Brave Black Regiment：History of the Fifty Fourth Regiment of Massachusetts Volunteer Infantry*（勇敢的黑人团：马萨诸塞州志愿步兵第五十四团的历史）［M］. New York：Arno Press，1969.（译者注）

他们的眼睛则盯着天空之下四分之三英里之外，笼罩在夜色之中的巨大堡垒。他们心跳加速，期待那个让他们行动起来，在陷入绝境时推动他们前进的命令，无论是军官还是士兵都没有任何沉思冥想的假日心境。在那不安的宁静中，各种不同的想法在他们心头涌起；不过，不管其中一些人有多么天马行空的念头，那里躺着的人也不可能会有如此疯狂怪异的想象力，能够像先知那样预见未来的某一年五月早晨出现在这里的我们，一群来自比那时更加富裕、更加强盛的波士顿的人，和市长、州长，还有其他州的军队一起，在一个满是仪式感的场景中，纪念他们那晚的英勇行为，缅怀他们无上的荣耀。

事实上，在所有那些伟大的战役中，马萨诸塞州的军队一直以来都是那最闪耀的部分，但这个军官，这个年轻的上校，这个黑人军团和它的一次战斗——而且，这场战斗还失败了——为什么会被挑选出来进行不同寻常的纪念？

事件的历史意义既不是因其规模大小，也不是用其直接的成功来衡量的。德莫比利失败了，但是在希腊人的想象中，列奥尼达斯和他的那一小部分斯巴达人代表了希腊人生活的全部价值。班克山失败了，但对于我们的人民来说，城墙上的战斗看起来和其他获得胜利的战斗一样，展示了我们祖先永不屈服的品性。所以在这里，我们联盟的战斗，以及它所解决的所有宪法的问题，它所获得的军事上的教训，从历史的角度看，尽管绵延了很长一段时间，却都有了一个意义。而没有什么比第一支北方黑人军团更能象征和体现这种意义了。

看看那座纪念碑，了解一下他们的故事——看看雕塑家的天才惟妙惟肖地展现在人们眼前的各种要素的混合体。他们是徒步走向黑暗的人，他们的本性如此真诚以至于人们几乎可以听见他们行进时的呼吸。各个州的法律都不承认他们是人。国会辩论之中，南方的领导人对他们傲慢无礼，最喜欢用“那种特殊的财产”之类侮辱性的集体绰号来诋毁他们。他们踏上征程，用热血捍卫人类更美好的生活。在他们中间，蓝眼睛的幸运儿过着和往常一样的日子，坐在马背上，每一个神都对他们那幸福快乐的年轻岁月报以微笑。而他们则一起移动，其中有一种决心在他们眼中燃起，以一种如此不同的样貌鼓舞着他们。青铜色的皮肤令他们永远被铭记，这与那些可怕岁月中的精神和秘密都不相融洽。

自19世纪30年代以来，奴隶制问题一直是唯一的问题，到了19世纪50年代末，我们的土地就像一个旅行者一样病倒了，摇摇欲坠，这个旅行者在夜间瘫倒在满是瘟疫的沼泽中，然后在早晨发现自己染上发自骨髓的高烧。“只有让狂热的废奴分子闭嘴，”南方的人说，“一切才会再次好起来！”但是，废奴主义者并不会闭嘴——他们是世上良知的代言人，他们是使命的一部分。尽管他们还很弱小，但他们最终还是让南方陷入疯狂。“她漫无目的采取的每一步，”温德尔·菲利普斯说，“都是进一步迈向毁灭。”当南卡罗来纳州的军队在战争中最后攻克了萨姆特堡，奴隶制热切的支持者，以偶像崇拜的方式要求这种制度的人，迅速而完整地毁灭了。之前法律和理性无法实现的东西，现在被上帝决断为不确定与可怖，被战争以某种极端随意、极端偶然的方法完成，善与恶被一同摧毁了。不过，至少我们可以通过辟出一条出路逃离那些无法忍受的情形——尤其是当人类的错觉和狂妄让更好的出路无法通行时。

我们伟大的合众国在一开始就是个不同寻常的异类。一片人们口中充满自由的土地，奴隶制占据了主导地位，同时，它用最后的命令口吻要求我们无条件服从它，这除了是一种虚假和可怕的自相矛盾还能是什么？然而，在四分之三个世纪中，它仍旧承受着这些以政策的形式勉强支撑的东西，依旧进行妥协和让步，而最后合众国还是被撕裂成了两半。然而，真理只有在一面国旗之下才是可能的。感谢上帝，还有真理！尽管现在，它是用地狱之火书写的真理。

同胞们，这就是为什么在伟大的将军有了纪念碑之后，当抽象的士兵纪念碑在每个村庄绿地上树立起来的一段时间之后，我们选择将罗伯特·肖和他的军团作为第一个特殊的士兵纪念碑，将他们提升到一种不同于那些抽象、尚未被识别的人的另一个状态，一种具体的特殊标识。这些士兵在外在世界的复杂历史中是不曾出现过的，但这也让他们能够以一种典型的纯粹形式，代表联邦事业的更深刻意义。

我们的国家建立在我们称之为美国信仰的基础之上，我们在这样一种信仰之中接受洗礼和养育：一个人不需要一个主人来照顾他，并且，如果可以自由尝试的话，一般人只要联合起来，就可以足够好地解决救赎问题。但立国者不敢触及那极为棘手的异常状况，到最后，对于国家来说，奴隶制已经如此稳固，除了与之斗争或者使之灭亡之外，国家没有其他选择。肖和他的同伴们所代表的，并向我们展示的就是，在这样一种危难时刻，所有肤色和处境中的美国人都可以像兄弟一样共同前进，并在必要时从容地面对死亡，以便我们祖国的信仰不会在地球上陷入失败。

我们这个合众国的人民有这个信仰；能有这样的功绩不完全是因为罗伯特·肖是一位杰出的天才，主要是因为他忠于这个信仰，就像我们所有人都可能希望在时代有所需求时能够是忠诚的那样，我们希望他那壮丽的形象可以永远站在那里，激励类似的、公正无私的公共行为。

肖也考虑了自己，但只是一点点，当我们回头看他时，我们发现，他有一种个人魅力，能够让我们重复如下的话："没有人知道你，但人们爱你；没有人想要给你命名，但他们赞美你。"这种自然的荣耀以一种最快乐的形式，与一颗服从的心，一种愉悦的意愿，一种对真理与公正的判断，在他心中统一起来。当战争到来时，他尽自己所能去做那些伟大之事，他理所当然地踏上前线。天下哪个国家没有成千上万这样的年轻人因此而欢欣雀跃？而这些年轻人是人类族群的安全所系，他们是否在身后留下纪念物，他们的名字是写在水中还是在大理石上，这大致取决于历史的偶然事件给他们的机会，提供让他们选择的道路。肖认识到了这个重大的机会：他看到有色人种必须担负对国家的责任。

李上校刚刚告诉我们一些关于这个想法必须面对的障碍。对于我们大多数人来说，这还主要是一场白人的战争；而如果我们尝试了有色人种的军队却最终没有成功，混乱的情形将会更甚。当安德鲁州长邀请他尝试去领导一支队伍时，肖是马萨诸塞州第二军团的一名上尉。他非常谦逊，并且对自己是否有能力承担这么一个需要负责任的岗位有片刻的疑虑。我们也可以想象，有人在窃窃私语地表示其他的顾忌。肖很爱第二军团，他那时已经很出名了，他对自己被提升到的位置也是信心满满。在这个黑人战士全新的征途中，孤独是不可避免的，当然也有嘲笑，失败也是可能的；而肖才 25 岁，虽然他曾经在雪松山和安提坦经历枪林弹雨，但直到那时，他还是行走在人生的阳光大道上。但不管他有怎样的疑虑，一天之内他都消除了它们，因为他天然地偏向于解决困难。他接受了上级提出的命令，从那个时刻起，他只为一个目标而活着，那就是，为马萨诸塞州第五十四军团赢得荣誉。

我有幸阅读了四月的那天他写给家人的信件，那时他是纽约第七军团的普通列兵，决定听从总统的第一次征召。有一天这些信件会被出版，因为它们构成了一首以宁静、纯粹的语气书写的动人诗篇。他将营地生活看作是他自己的自然元素，并且（就像我们许多年轻的士兵一样）他一开始就充满热情地将拿起武器成为一名军人当成自己毕生的职业。他被操练和训诫，在波托马克河上游作为第二团的中尉（他很快就被提升到这个位置）进行无休止的行军、拉练、警戒；他为第二团中进行的训练感到骄傲，对其他军团的训练懈怠感到担心。这些是早期信件的主要内容，这些内容持续了几个月。这些事情，还有偶尔发生的更好玩的一些事，比如参观弗吉尼亚的房子，阅读像纳皮尔的《半岛战争》（*Peninsular War*）或者丁尼生的《国王叙事诗》（*Idylls of the King*）这样的书籍，感恩节的宴会和军官之间的比赛，让他们度过了疲乏困顿的几周时间。然后，血腥的战斗开始了，各种境况都严峻起来，直到最终实现了目标。从头到尾，这些书信中没有一句反对敌人的恶言秽语——甚至往往与此相反——在他快速写下的东西中，在那些艰难、死亡和毁灭的场景中，有一种无尽的快乐甚至一种内心的和平存在着。

在他离开之后，罗伯特·肖依然牵挂第二军团的命运。几个月后，当他在南卡罗来纳州与第五十四军团在一起时，他写信告诉他年轻的妻子："如果我留在那里并挺过战斗，我应该已经成为第二军团的少校了。不过就我自己感到快乐的东西而言，在军营里，我为现在所处的位置感到满意。穿着制服回家成为一个陆军校级军官当然很棒！而我那些可怜的同伴，却可能惨死在战争之中。"

与此同时，他很好地教会了他的军队如何履行职责；在他写完这封信的三天后，他带领他们登上了瓦格纳堡的城墙，而接近一半的人则被安排在营地上待命。

罗伯特·肖凭着他对纪律的热爱迅速激励了他人。在这种热爱中有一些东西令人动容，第五十四军团的军官和士兵都专注于一个使命，即，表明一个黑人军团也可以在人们已知的那些优秀品质上脱颖而出。他们取得了很大的成功，第五十四军团在各个可能的层面上都成为一个典范。在肖的所有通信中，唯一留下的苦涩痕迹是，在一件事上，他认为他的士兵在道德上被轻视了。在他们到达战场之后，他们迅速担负使命，参与战斗，服从部门首脑的狂热命令：劫掠并烧毁了佐治亚海岸达利恩的一座不设防小镇。他写信给他的妻子说："我担心，这样的行为会伤害黑人军队以及与他们相关者的声誉，就我自己而言，我目前在战争中的行径绝不卑劣，我也绝不想要堕落成一个强盗和劫匪，——我自己军团中的每一名军官也是如此。在经历了弗吉尼亚艰难的行军和战斗之后，我感到非常羞愧。我只遵循两个原则：服从命令，保持沉默；或者拒绝任何此类历险，然后可能被逮捕，可能被送上军事法庭，这不是开玩笑，这是非常严肃的。"对肖来说幸运的是，部门的指挥者很快就冷静下来，不再狂热。

海岛上四个星期的营地生活和规训让该军团经历了火的洗礼。这是一件小事，但它证明了人们是坚定的。肖再次写信给他的妻子："你不知道这对我和我们所有人来说是多么幸运的一天，除了一些被杀害和受伤的可怜人之外，我们最后还是和白人军队一起战斗了。今天早上，我们有两百人警戒，他们被五个步兵团、一些骑兵和一些炮兵袭击了。康涅狄格州第十军团在他们左翼，他们说，如果第五十四军团的人没有坚持战斗，他们的情况将很糟糕。整个部队在十五分钟内就集结起来，当军队在我们面前聚集时，敌人发现我们是如此强大，他们撤退了。……特里将军告诉我他对我们的表现十分满意，其他军团的军官和战士也称赞了我们。这对我们是很好的事情，对于有色人种构成的军队也是好事。我知道这会让你高兴，因为它会抹去你对达利恩事件的记忆，尽管我们那时是无辜的参与者，你也难保不会悲痛。"

第五十四军团的副官向特里将军报告了一场小冲突[①]，他很好地表达了在部队中普遍存在的孤独感：

"将军最喜欢的军团，"副官写道，"马萨诸塞州第二十四步兵团是迄今为止面对反叛军时最好的步兵团之一，其军官主要来自波士顿，他们

① G. W. 詹姆士（G. W. James）《袭击瓦格纳堡垒》（*The Assault upon Fort Wagner*），选自《在美国威斯康星州司令部宣读的战争文件：美国忠诚军团军令集》（*War Papers Read before the Commandery of the State of Wisconsin*: *Military Order of the Loyal Legion of the U.S.* Milwaukee，1891.）。

护卫将军的总部。有一种真切而鲜活的对我们的怀疑——也许并非完全公正——所有白人军队都讨厌我们在军队中的存在，并且第二十四团的人宁愿在联邦的某个偏远角落听着我们的消息，也不能容忍我们投身于战斗前线，而他们自己在扮演看客。你能否想象当我从马上下来时感受到的快乐，在特里将军和他的随从面前下马，——本来我觉得这些随从都不太友善，但现在我不太确定——我向他汇报，表达肖上校对他的问候，告诉他我们在没有失去一英寸土地的情况下击溃了敌人。特里将军让我上马，去告诉肖上校，他对肖上校所领导部队的行为感到骄傲，并说肖上校应该继续坚守，抵抗敌人接下来的任何进攻。直到今天我们还可以分享那时士兵们心满意足的感觉。”

从第二天晚上，第五十四军团于雨中在莫里斯岛登陆，而直到接下来的中午，肖上校才得以向斯特朗将军（General Strong）报告，他已经带着他的部队抵达了。然后，在瓦格纳堡，这个迄今建造过的最坚固的土方工程，发生了异常恐怖的爆炸，将军知道，肖上校希望将他的人安排在白人军队旁边，他对肖说：“上校，瓦格纳堡今晚会被攻陷，你愿意的话，可以指挥这些军队。我知道你的人已经疲惫不堪了，但你还是可以自己做出选择。”汇报当时情况的副官写道：“在向将军作答之前，肖上校将脸转向我，他对我说：‘告诉哈勒维尔上校，立刻将五十四团带上来。”

这些都安排完毕了，就在夜幕降临之前，攻击已经完成。肖是认真的，因为他知道这次袭击是孤注一掷，并且预感到了他的结局。在队伍前面来回走了好久之后，他简短地鼓励他们去证明他们是男人。然后他下了命令：“快速移动到一百码以内，然后加倍快速行进，补充给养。前进！”然后第五十四军团冲进风暴之中，上校和他们的肤色是如此显眼。

在沙滩上，穿过一个狭窄得已经变形了的峡谷，再以成倍的速度越过障碍物，进入壕沟，然后越过壕沟，尽他们所能地，登上堡垒，到达曾经到达过的萨姆特堡（Fort Sumter）。但此时萨姆特堡却要了他们，而瓦格纳堡现在是个巨大的火场，要摧毁他们的生命。肖从头到尾都在领导军队。他成功地占领了护墙，然后在那里站了片刻，举起宝剑，高喊着：“前进，五十四军团”，猛然回头间，一颗子弹射穿了他的心脏。这场战斗肆虐了近两个小时。在三分之二的军官和十二分之五或者说接近一半的士兵在堡垒内或是城墙前被击倒或刺中之后，五十四军团撤退下来了。对于一支士兵中没有人手上拥有毛瑟枪的时间超过十八周，并且只是在两天之前才第一次见到敌人的军队来说，这已经是很棒的战斗了。

“黑人们勇敢地战斗，”一名南方邦联军官写道，“并且由一位迄今为止最为勇敢的上校领导着。”

对于肖上校来说，当战斗之后的早晨南方联邦埋葬他的时候，没有听到鼓声，也没有葬礼。他的身体只裹着一半的衣服，他那英勇无畏的黑人躯壳被扔进一个公用的坑中，铲好的沙子铺在他身上，没有什么木牌或石碑来标记他被埋葬的位置。在生命死亡过程中，第五十四团的人们见证了人类的兄弟情谊。英雄历史的爱好者可能觉得，对于肖宽宏大度的年轻心灵而言，也没有什么更好的归宿了。让他的身体安息吧，与他那些勇敢的没有留下名字的同伴们在一起。让大西洋的微风叹息吧，让大风咆哮地唱着他们的安魂曲，就算我们这里的人们遗忘掉这些，这个古铜肤色的肖像还有这些铭文，也会让他们声名不朽。

人类的事务是多么容易被遗忘啊！今天早上我们在这里见面时，南方的阳光照着他们被埋葬的地方，海浪闪闪发光，海鸥在瓦格纳堡的古老遗址周围盘旋。但是伟大的工程和雷鸣般的大炮，指挥官和他们的追随者，在一个狭小地方狂野攻击和抵抗，让那个遥远的傍晚夜色狰狞，这些都沉入了过往的蓝色海湾中。对于这一代的大多数人来说，这仅仅是一个抽象的名字、一幅图画、一个被讲述的故事。只有当那19世纪60年代一名士兵的黄色发白照片被我们拿在手中时，由于特殊的拍摄时刻，每个人古怪和生动的神情才会让我们意识到，过去的历史是多么的真实，让我们感受到，对他们而言，那些缓慢沉重的时光中，行动者所经历的是怎样的漫漫征程。照片本身会完全褪色，历史书和这样的纪念碑会自顾自地讲述故事。对南方联盟的伟大胜利就像是特洛伊围城一样，它会在所有那些“很久以前老套、令人不快、遥远的战斗和事务”中占有一席之地。

在所有这些事件中，必须区分两件事——他们的道德服务与他们所展示的坚韧。最近，作为一个教导有男子气概之美德的学校，战争在我们中间得到了很多的赞扬和欢呼；但是在这一点上是很容易夸大其词的。在很久以前，战争是人类残酷血腥的摇篮，这位冷酷的保育员可以独自训练我们的野蛮祖先拥有某些表面的社会美德，教导他们彼此忠诚，并迫使他们在更广泛的部落生活中掩饰他们的自私。战争仍然起着这样的作用，无论是用多年的服役，还是财富，还是热血来作为代价，战争的税赋是男人慷慨自发想要承担的唯一重担。当一个又一个成功的杀戮幸存者乃是我们和我们当前所有种族之生命源泉时，战争除此之外还能是别的什么呢？人类曾经是一个战斗的动物，几个世纪的和平历史无法让我们排除自身的战斗本能；而我们的贪婪本性是不需要反思的，它也是不需要哪怕一点点演说家或诗人的帮助鼓吹，就可以体现在我们身上的品格。

我们真正需要诗人和演说家的帮助才能在我们身上保持活力的东西，绝不是罗伯特·肖和你们第二军团的人并行前进时所展示出来的那种普遍又共有的勇气。当他在光荣的第二场战斗中，放弃那些轻松温和的任务时，他所展示的是那种更为孤独的勇气，这种勇气让他领导第五十四军团的黑人，一笔让人不太确定的财富。这种孤独的勇气（我们在和平时期称之为"公民的勇气"）是国家纪念工作最应当唤醒培育的勇气，因为适者生存并没有将其嵌入人类的骨髓之中，而它孕育了军队的勇气；正是因此，我们有五百个人就可以一起肩并肩冲击炮台，而实际上，我们会发现可能并没有一个人准备好独自冒险面对不幸，去抵抗一个已经成规模的施暴者。国家最致命的敌人不是外国的敌人而总是内部的敌人。在这些内部敌人看来，文明总是需要人来拯救的。在所有国家中最被祝佑的东西，乃是人民的公民天赋日复一日地救赎着的那个东西，它所展开的行动并不需要表面的繁荣：通过演说、写作，理性投票；通过迅速有力地打击腐败；通过党派之间的温和相待；通过人们的识人之明，这些勇敢之人被看作领袖，而不是那些狂热分子和空谈者。这些国家不需要战争来拯救它们。它们总是将正义解释为平等，并且，上帝的审判并不是要在族群剧烈的痉挛与阵痛中不时地压垮它们。

战争应该教给我们绝大多数人的教训是，必须时时刻刻警惕邪恶，在它滋长绵延之前。全能的神不会喜欢长篇大论或冗长方案，当然，他也讨厌所有那些充斥着大量偶然小恶的方案。我们目前的情形，充斥着敌意和误解，这是不是政府不断增加权力的直接后果？是不是战争的腐蚀和压力带来的后果？每场战争都会留下如此悲惨的遗产，即，未来战争和革命的致命种子，除非人民的公民德性及时拯救国家。

罗伯特·肖有两种美德。那时他带领他的团队对抗瓦格纳堡，他现在肯定会带领我们对抗所有更弱小的黑暗势力——如果他年轻美好的生命能够幸免于难。尽管我只谈到一个人，但你们肯定会想到很多。对于北方和南方来说，难以确认到底有多少美好的生命被无情的战争夺走，只留下那些悲痛的母亲、丧偶的寡妇，或者挚爱的朋友在心中默默念着他们。这么多孩子并没有顺其自然地为国家服务足够的年份，国家对于他们拥有的只是些贫乏的记忆，那逝去的温柔美好岁月，像空气中往昔音乐的回声一样挥之不去。

但是只有这样她才会再次好起来。那些生命给南方和北方共同带来了巨大的不安，这种不安缓慢释怀。战争已经结束，邪恶被宽恕了。没有什么未来的问题像这个问题一样。我们的孩子们所承担的职责，在困难程度上和他们父辈所面对的没有可比性。然而，我们面对的未来，还是有足够多的任务在等待我们。罗伯特·肖和像他一样的许多人至死都效忠的合众国，不是一个因为其所赢得的东西而在往后的日子中悠闲度日的合众国。民主还在试验阶段。我们人民的公民天赋是它唯一的壁垒，倘若失去那内在的神秘特性，挽救我们让我们免于堕落的，不是法律和纪念碑，不是战列舰和图书馆，不是伟大的报纸和蓬勃发展的股票市场，不是机械发明也不是政治上的投机，不是教堂不是大学不是公民服务考试。这种神秘，是我们讲英语民族的秘密与荣耀，它不外乎就是两种常见的习惯，两种根深蒂固的习惯，它们如此寻常地被带入公共生活之中，不带任何的修辞表达，它们是一些比人类获得的其他东西都要珍贵的习惯。它们并不会经常地被指出或者赞扬。其中的一个习惯就是，当对方公正地赢得比赛时，我们要对我们的对手保持训练有素的好脾气——正是因为丧失了这种好脾气，那个有奴隶制的合众国几乎摧毁了我们的国家。另一种习惯是，对每一个打破公共和平的人，或者一群人，我们都要进行激烈和无情的反击——正是对这些习惯的坚持让自由国家得以幸存下来。

我的同胞们，无论你们来自南方还是北方，从此以后都是兄弟，不是主人、奴隶和敌人，让我们看到这些财富都被保存下来。从此，我们这个得到救赎的国家，会像希望之城那样，永远在天空之下挺立，所有国家的道路都被它的光芒照耀。

《人类不朽：两种假定的对于该学说的反驳意见》第二版前言[①]

对于我讲座中所宣称的，大脑活动的“传递理论”打开通向不朽之门，许多批评家都提出了一个相同的反对意见。因为这本书要再版了，我感到有必要再说点什么，做些说明。

反对者说，如果我们在人世间有限的人格取决于大脑中先前存在的更大意识部分的传递，那么在大脑停止工作后，能够留下来的就只是那更大的意识自身，而我们肯定会在那时重新陷入困惑，在有限人格形式中，我们获得不朽的唯一方法已经丧失掉了。

批评家们继续说，但这是泛神论不朽的观念，也就是说，是在世界的灵魂之中存活；这不是基督教的不朽观念，后者意味着以严格的个人形式存活。

他们总结说，在说明脑死亡之后精神生活的可能性时，讲座同时表明了它与个人生活的不一致，而那种个人生活是大脑的功能。

现在我自己成了一个单纯的一元意义上的泛神论者。由于一些很简

---

①《人类不朽》（*Human Immortality*, Boston and New York: Houghton Mifflin, 1898），第二版序言以1899年版本为底本。

单的理由，我确实在讲座中说过听起来特别像泛神论的“母亲－海洋”一词，我自己将其看作是一个完整单元。在30页中我甚至补充说，将来的演说者可能会证明，在死亡之后我们个人限制的消除，并不会使我们后悔。我的批评者的阐释因而并非不自然。而我应当更加小心防止这类的判断。

在第58页的注释5中我在一定程度上是反对这个看法的，我说，有限的心灵应该是受到大脑束缚的“母亲－海洋”，它并不一定要以一种泛神论的术语来理解。我说，可能在一种场景后面有很多种心灵。显而易见的事实是，一个人可以根据喜好，将面纱后面的精神世界以个人形式呈现，而不会对大脑被表现为传递器官这个一般的机制有什么损害。

如果采取极端个人的观点，那么一个人有限的世俗意识将是从一个更大、更真实的人格中抽离出来的，后者现在依然是场景幕后的某些实在。在传递它时——为了延续我们极其机械的比喻，这种比喻承认不会对实际的操作方式产生任何影响—— 一个人的大脑也会对依然在幕后的部分产生影响；因为当一个东西被撕裂时，每个碎片都感受到了这个动作。就像（使用一个非常粗略的比喻）存根一样，无论何时使用支票，存根都会保留在支票簿中，以便记录交易，因此对超验自我的这些印象可能是有限经验的存根，在这些有限经验中，大脑是中介物。最终它们可能形成一个集合，这个集合存在于一个更大的对于我们世俗旅程的记忆之中，从洛克时代开始，就是我们个人同一性在坟墓之外的延续，通过心理学使它们被认可是有意义的。

确实，所有这一切似乎与基督教的不朽观念相比，与先前存在和可能的重新肉身化的关系更密切。但我在讲座中的关切点不是讨论一般意义上的不朽。它只是想要说明，这与我们当前日常意识中的大脑功能理论并不是相违背的。我认为它如此具有兼容性，甚至可以与一种完全个人化的形式兼容。读者可能会赞同我想在讲座中说的东西——如果他想说明，他当前生活中的一切技艺与感受都要被保留，那他永远都不会停止对自己说：“我和过去在世上有着那些经验的人，是同一个人。”

人类不朽

不幸的是，历史上经常看到，人们要求更多的评论，即当一个人的生活需要在一个组织中得到官方保护并被有序安排时，该机构确定会做的事情之一就是，阻止需要自身的自然满足。我们在法律和法庭上看到这一点，我们在教会中看到它，我们在美术、医学和其他专业的学院中看到它，我们甚至在大学自身中看到它。

很多时候，这些机构的掌权者挫败了他们被任命为其服务之机构的精神目标，他们使用技术手段，而很快技术似乎成了实现目标的唯一手段，成了人们能够在服务过程中采取的唯一方式。

我承认，我们大学社团去年春天邀请我参加英格索尔讲座（Ingersoll Lecture）时，我想到了这一点。不朽是人类最大的精神需求之一。教会已经把自身塑造成为这种需求的官方守护人，结果是，他们中的一些人实际上只是假装满足这一需要，或者通过传统的圣礼在个人那里保留它——至少在其唯一的形式中保留它，使它能够成为欲望的对象。但现在是英格索尔讲座。这个讲座高尚的创办人很显然认为，我们的大学应该比教会更自由地服务于他心中的事业，因为一所大学是更少受传统制约，更少受个人选择上种种不可能性制约的机构。而大学所要做的第一件事情，是任命一个像他那样站在你们面前的人，当然，不是因为他被看作是未来生活热情洋溢的报信者，热情地向他的同胞发布好的信息，而是因为他是一个大学的工作人员。

这么想，我起初觉得我应该拒绝安排。不朽生命的整个主题最主要的根源都在于个人感受。我必须承认，我自己对不朽的个人感觉从来不属于最热切的那一类，而在那些让我感到焦虑的问题中，这个问题并不居于最重要的位置。然而，有一些人对此真的充满热情，对这些男男女女而言，生命因而是一种剧烈的渴望，对它的思考是一种痴迷；而且，这个有着热切兴趣的人对于主体之间的关系有所洞见，那就是，没有一个人可以不了解其奥秘却获得它。这些人中，有一些我认识，他们不是官方人士；他们也不像文士那样说话，但却有着直接的权威。可以确定的是，不管在什么地方，裹着羊皮的先知，而不是穿制服的官员，应当被请求给出启示、保证与指导，这里涉及的就是这个主题。无论如何，办公室都不应当被用来替换精神呼唤的位置。

然而，尽管有这些我无法避免的反省，我今晚在这里，只是一个平凡的人，一名工作人员。我确信裹着羊皮的先知，或者更形象地说，只是受这个主题中情感信息启发的非专业人士，也会经常被我们的社团邀请来这里进行英格索尔讲座。同时，仅仅是我这样的职业心理学家所做的评论，可能会有消极负面的东西，但也是可以和他们提供的重要课程相互对照的，我相信，在成熟的反思后，负责管理英格索尔基金的人有责任让各种各样的专业人士轮流上场。这个主题十分宏大。在阿尔戈（Alger）先生的《未来生活原则的批判历史》（*Critical History of the Doctrine of a Future Life*）这本书的最后，作者罗列了涉及的超过五千本的参考书目。我们的社团考虑的可不是一个讲座：它要考虑未来的一整个系列讲座。单独一个讲座，无论多么激情澎湃，富有启发，都是不够的。讲座必须相互补充，因此在系列讲座之外，应当有跟主题相关且十分重要的一系列文献，这毫无疑问是讲座创立者关注的。他希望可以考虑每个可能方面的主题，而最后的结果可以在正确的方向上被和谐地构思。从这个长期的视角看，英格索尔基金要求的也不过是精细分工。演讲者和先知要轮着来，而狭义上的专家也是如此。每种教条的神学家、形而上学者、人类学家、心理学家，要和生物学家、物理学家和心理研究者交替工作——其中甚至包括数学家。如果他们中的任何一个人从他自己的角度提出一些真理，而且将保留他人提出的真理并与之连在一起，那他就做得很好了。

接下来的时间里，我想要通过提出两个在我看来的真理，证明我做得还不错，如果我没有搞错，这两点完美契合其他演讲者将要提到的东西。

这些观点本质上都是对反对意见，对我们现代文化在关于今后生活的旧观念中发现之困难的回应——我确信，这些困难是，它在观众所从属其中的，依照科学方法塑造的范围内，剥夺了那些旧观念带来的旧的信仰力量。

如我们在这里所知道的，这些困难中的第一个与我们精神生活对于我们大脑的绝对依赖有关。人们不仅听到生理学家，而且听到大量阅读科普书籍和杂志的外行人，谈论关于我们的一切；当科学已经完全证明，没有例外的可能，我们的内心生活是这种著名材料，即所谓脑沟回路中“灰质”的功能时，我们还如何能够相信死后的生活？在其器官衰竭之后，这个功能如何可能持续存在？

因此，生理心理学被认为挡在通往旧信仰的道路上。现在，作为一名生理心理学家，我要求你跟我一起更仔细地看一下这个问题。

确实，生理科学已经得出上述结论；我们必须承认，当她这么做的时候她只是对通常关于人的信念做了一点点推动。每个人都知道，大脑发展的迟钝产生了愚笨，敲击头部会消除记忆或意识，大脑中的兴奋剂和毒药会改变我们观念的质量。解剖学家、生理学家和病理学家只是呈现了这个被普遍承认的事实可以被详细描述和记录下来。实验室和医院近来教给我们的不只是说，一般意义上思想只是大脑的一个功能，而且还有，思考的各种不同形式是大脑各个不同部分的功能。当我们思考我们所看到的东西时，被激活的是大脑的枕叶区（occipital convolutions）；当我们思考我们所听到的东西时，被激活的是颞叶区（temporal lobes）的特殊部位；当我们思考我们所说的东西时，被激活的是额叶区（frontal convolutions）。莱比锡的傅莱契（Flechsig）教授（他比任何其他人都更有可能声称自己已经完成了这个主题）认为，在其他特殊的卷积中，这种协同进程会继续，而这将允许更抽象的思考进程得以发生。如果我此时有一张大脑图[①]，我可以很轻松地向

① 最初被认为在运动和感觉中心区域之间的缝隙（这构成了大脑半球三分之二的表层部分），因此被傅莱契确定地解释为严格意义上的理智中心，参见他的《头脑与灵魂》(*Gehirn und Seele*，2te Ausgabe，1896，p.23)。他认为，它们具有一种常见的微观结构；与它们相连的纤维比与其他中心相连的纤维要晚一个月才能获得髓鞘。当陷入无序时，它们就是通常所谓精神错乱的起点。韦尼克（Wernicke）已经将精神错乱定义为协调器官的疾病，他并未明确地自称可以对后者加以限制——参见他的《精神病学基本大纲》(*Grundriss der Psychiatrie*，1894，p.7)。傅莱契甚至说他发现普通麻痹症的症状有所不同，差异在于到底是前额部分还是更后方的协调中心发生病变。如果是前额部分，患者的自我意识相比于对纯粹客观关系的感知更加混乱。后方协调区如果损伤，那就意味着患者的客观观念系统正发生瓦解（参见同上，pp.89–91）。傅莱契认为在啮齿动物中，完全不存在协调中心——即感觉中枢的相互联系。在食肉动物和更低智商的猴子中，后方中心部位在体积上仍然超过了协调中心。只有在卡塔丽娜大猩猩（katarhinal apes）那里，我们才开始发现类似人类的东西（p84）。在他写的小册子《心理健康与疾病的界限》(*Die Grenzen geistiger Gesundheit und Krankheit*，Leipzig.1896）中，傅莱契将特定罪犯身上那种道德上的冷漠，归结为因为身体感觉退化带来的内部痛苦感受能力的弱化，蒙克（Munk）命名了这个大脑中宽大的前区，他在其中罗列出了自我的所有情绪和意识——《头脑与灵魂》(*Gehirn und Seele*，pp.62–68）、《心理健康与疾病的界限》(*Die Grenzen*，etc.pp.31–39，48)。我在这里提到傅莱契是有具体原因的，而不是说他的观点就百分百是对的。

你们展示这些区域。另外，在他看来，作者所谓与其他躯体部位感觉联系的变弱或变强，解释了我们情绪生活的复杂性，并最终决定了我们是无情的野蛮人或罪犯（感情错乱的人），还是能够感同身受，甚至可以有泰然自处性格的人。这些特殊的建议必须被纠正。正是解剖学家、生理学家和大脑病理学家揭示了大脑中主要部分可以如此稳定地运行，而我们医学院中的年轻人几乎都毫不质疑地相信他们。观察上的确证将越来越详细地继续说明这些东西，而这恰好是当前所有研究的灵感所在。并且我们几乎所有的年轻心理学家都会告诉你，只有少数落伍的学者，可能是一些精神错乱的神智学或精神问题研究者，才能在发现障碍之后继续高谈阔论，似乎这些精神现象可以独立自主地存在于世。

就我的论证目标而言，现在，我希望采用这种一般原则，好像它是绝对确定的，不可能有限制。在这一小时内，我希望你们也接受它作为一个假设，无论你是否认为它是无可争议的；所以我今天恳求你同意我的意见，即赞美伟大的心理生理学公式：思想是大脑中的一个交叉点。

那么问题是，这个学说在逻辑上是否迫使我们怀疑不朽？应该强迫每一个真正始终如一的思想家牺牲他对来世的希望，使他能够负起责任接受一个科学真理的所有后果吗？

大多数人都被灌输了一种人们所谓的科学清教主义，他们会觉得自己必然对这个问题给出肯定回答。如果任何医学或心理学中培养起来的年轻科学家不这么觉得，那可能是由于大多数人愉快地享受着这种特权带来的思想上的不一致。当一小时科学家，然后是基督徒或普通人，想要心中充满热情地去生活；此时，他们抓住的只是链条的两端，不关心中间连接部分。但是，更加激进和不妥协的科学信徒会根据他的性情做出牺牲，而且，不管悲伤与否，他都会放弃他对天堂的希望[①]。

那么，这就是对不朽的反对意见；对我而言，接下来的事情是试着向你们说明为什么我认为它在严格的逻辑中没有威慑力。我必须告诉你，致命的后果并非像通常想象的那样不可避免。而且，尽管我们的灵魂生命（它如下所示呈现给我们）可能在严格意义上作为大脑的功能会消亡，但生命绝非不可能，相反是非常可能在大脑本身死亡后仍然继续。

假定持续存在不可能，乃是因为过于肤浅地看待公认的对功能的依赖这一事实。当我们更深入地探究功能不能独立的概念，并且问自己，例如，可能有多少种功能上的不能独立时，我们立即认识到至少有一种不会完全排除死后的生命。生理学家的关键结论来自他所随意假定的，

① 这个结论在实证主义圈子中如此流行，在对话中如此广泛地被表达，并且如此经常地蕴含在所写的东西中，以至于我承认，当我检查书本中是否有一个段落（我想引用它来让我的文本显得更具体一点）明确否认生理学基础上的不朽时，我感到极为惊讶，我找不到任何能直截了当提供帮助的东西。我查了所有很自然就会想到的书，但没有任何效果；并且我还徒劳地问了很多心理学的同事。但是，我几乎准备发誓，我在过去十年确实读了很多属于这个类别的东西。这很可能是一种错误的印象，可能这个看法和别的看法也差不多。它们充斥着这种气息，一个作家的许多段落都逻辑地预设并包含了它们；然而，如果你希望让学生参考他可以用作文本来发表评论的直接且激进的陈述，那么你会发现它们完全无法做到这点。在目前的情况下，有很多说法一般来说认为心灵与大脑功能有关，但是很少有人因此明确否认永生的可能性。我发现的最好的也就是："不仅意识，而且生命的每一次激动都依赖于功能，如果营养被切断，那它就会像火焰一样熄灭。……意识现象一对一地对应于大脑中特殊部位的运作。……器械装置任何一部分的破坏都意味着某些重要功能的丧失。其结果是，随着生命的延展，我们面前只有一种有机功能，不是自在之物（Ding-an-sich），或者对想象中的灵魂这一实体的表达。这个基础性的命题……带着对灵魂永生的拒斥，因为，如果灵魂不存在，其永生与否就不会成为一个问题了。……功能充斥在时间中，在整个存在过程中，火焰燃起复又熄灭。这就是一切，而且这真的就足够了。……感觉有其特定的有机条件，而且因为这会随着生命的自然衰落而衰落，对于习惯于处理现实事务的心灵来说，不太可能设想出有什么感觉能力可以在我们自然存在的机能停止工作之后，还能继续维系下去。——杜林（E. Dühring）：《生命的价值》（*Der Werth des Lebens*，3d edition，pp.48，169）。

另一种功能上的依赖，并将其看作是可以想象的唯一一种依赖[①]。

---

① 接受过哲学指导的读者会注意到，我一直将自己置于自然科学和常识的普通二元论观点之上。从这种观点来看，诸如感觉之类的心理事实是由一种材料或物质，物理事实或别的什么东西构成的。绝对现象主义的观点，不认为这样的二元论是终极的，它也许可以通过用二元论解决提出的一些原本不可解决的问题而结束。同时，由于对永生的生理学反对是在普通的二元思想层面上出现的，并且由于绝对现象主义还没有说清楚如何解释这些事实，所以我对异议的答复以二元的方式来表达是适当的（当然，如果我想，这让我可以在之后自由地使用别的范畴来实现对它们的超越）。

现在，在二元假设下，一个人看到的，我们心灵对于我们大脑的依赖中，不同的形式不会超过两种：要么

（1）大脑成为我们心灵构成中意识的材料；又或者

（2）意识事先作为一个实体存在，大脑赋予它各种特殊形式。

如果假设（2）是真实的，并且心灵的材料事先存在，那么只有两种方法可以去设想我们的大脑赋予人类特定的形式。它可能存在于

（a）分散的粒子；那么我们的大脑是负责集中的器官，是将这些组合并凝聚成最终具有个人形式之心灵的器官。或者它可能存在于

（b）更大的统一体中（绝对的“世界灵魂”或其他什么东西）；那么我们的大脑是将其分成各个部分并赋予它们特定形式的器官。

因此，存在关于大脑功能的三种可能理论，仅此而已。我们可以分别命名它们：

1. 生产理论；

2a. 组合理论；

2b. 分离理论。

在讲座的文本中，2b 理论（更具体地表述为传递理论）是对于理论 1 的反驳。理论 2a（也称为“心灵尘埃”或“心灵物质”理论）由于时间不够而完全没有被涉及。在这些注释中，我们没有对其进行批评，不过我在我的书《心理学原理》（New York，Holt & Co.，1890，chapter VI）中，以其目前来看还算完整的形式思考过这个问题了。但是，我在这里可以说，W.K. 克里福德教授（W.K.Clifford）是组合理论最出色的拥护者之一，并且是术语“心灵物质”的创造者，他认为该理论与个人的不朽性格格不入，并且他在对斯图尔特和泰特《看不见的宇宙》（*The Unseen Universe*）一书的评述中表达了他的信念：

“将意识与大脑变化联系在一起的规律是非常明确和精准的，它们的必然后果是不可回避的……意识是由要素和感觉流组成的复杂事物；大脑的作用也是由要素和神经信息流组成的复杂事物。对于意识中的每种感觉，大脑中同时有一个神经信息……意识不是一件简单的事情，而是复杂的事物，是感觉组合成一股流。它与神经信息的组合共同构成一束流而存在着。如果个人的感觉总是与个别的神经信息相伴，如果感觉的组合或感觉流总是与神经信息流一起，难道不是说，当神经信息流断裂，感觉流也会随之断裂，不再形成意识吗？当信息自身断裂时，个人感觉难道不会分解为更简单的要素吗？这种证据的力量不能被任何数量的精神体所削弱。不可改变的事实将我们的意识与我们所知的身体联系起来，不仅仅是构成为一个整体，而且，其各个部分都与我们大脑活动的各个部分密切关联在一起。如果有什么类似的与一个精神体的联系，那也只能说，精神体必定会与自然身体一同死亡。——《演讲与论文集》（*Lectures and Essays*，vol. i. pp.247–249.）可以与如下有相似说法的段落相对照，vol. ii. pp.65–70.

当那个认为他的科学切断所有永生希望的生理学家宣称“思想是大脑的一种功能”时，他就像如下这样思考这个问题——蒸汽是茶壶的一个功能、光是电路的一个功能、功率是流动瀑布的一个功能。在后面这些情况下，几个物质对象具有向内创造或产生其效果的功能，并且它们的功能必须被称为生产性功能。他因而认为，大脑一定也是如此，在其内部产生意识，就像它产生胆固醇和肌酸、碳酸一样，它与我们灵魂生命的关系也必须被称为生产性功能。当然，如果这种生产是功能，那么当器官衰竭时，由于生产不再继续，灵魂必定会死亡。从这个特定的事实概念来看，这样的结论确实是不可避免的①。

但在物理世界中，这种自然的生产功能并不是我们熟悉的唯一功能，我们还有释放或许可功能，有传递的功能。

---

① 生产理论或唯物主义理论很少冒险非常明确地阐述自己。也许下面这段卡巴尼斯（Cabanis）的文字是你能找到的最直白的表述了：

“要想对产生思想的手术有一个公正的认识，我们必须将大脑视为注定要产生这些的特定器官；就像胃和肠注定要进行消化一样，肝脏要过滤胆汁，腮腺和上颌腺准备唾液，印象进入大脑，迫使其活跃起来；消化道的物质进入胃中，刺激它分泌更多的胃液，使其运动，并让自身溶解；第一个器官（大脑）特有的功能是接收每一个特定的印象，加上标记，结合不同的印象，相互比较，正如其他器官的功能是作用于那些使它兴奋的营养物质，使它们溶解，使它们的汁液溶入我们的自然。

“您是否说过大脑行使这些功能的有机运动尚不清楚？我回答说，胃神经决定构成消化作用的不同操作，以及它们赋予溶剂活性的方式，我们发现食品中的食物以它们自身的适当品质落入了内脏；我们看到它们以新的品质出现，并且我们推断胃确实起到这种改变的作用。同样，我们看到的印象是通过神经的中介到达大脑的；然后它们被孤立而没有连贯性。内脏开始起作用，作用于它们，并很快将蜕变般地将自身投入思想。言外之意或手势，或言语和书写的符号，都是外在的表达，然后我们以相同的信念得出结论，即大脑消化了印象，表现得很正常。它有机完成的东西就是思想的分泌。”——《身体与道德间的关系》（*Rapports du physique et du moral*，8th Edition，1844，p.137）

这种说法不管看起来多么合理，“印象”这个词总是模棱两可的。生产理论的最新形式已经显示出一种将思想比喻为大脑所施加的“力”或大脑所经历之“状态”的趋势。例如，赫伯特·斯宾塞（Herbert Spencer）写道：

“变质定律掌握在身体的力量之间，在它们与精神力量之间同样有效。……这种变质是如何发生的——以运动，热或光的形式存在的力量如何成为意识的一种模式——空中振动如何产生我们称为声音的感觉，或者大脑化学变化所释放的力如何引起情感，这些都是无法理解的奥秘，但它们并不比别的奥秘更深刻。物理上的力相互转化。”——《第一原理》（*First Principles*，2nd Edition，p.217）。（接下页）

弩的触发器具有释放功能：它移除定住弦的障碍，并使弓箭飞行，回到其自然形状。当击锤落下，引爆化合物时，事情也是如此。通过敲除内部分子障碍物，它可以使被压缩的气体恢复正常体积，从而让爆炸得以发生。

在彩色玻璃中，在棱镜或折射透镜中，我们就看到传递功能。光的能量，无论是如何产生的，都是通过玻璃对颜色的筛选和限制而来的，而透镜或折射透镜确定了特殊的路径和形状。类似地，管风琴的琴键仅具有传递功能。它们连续打开各种管道，让风箱中的风以各种方式逃逸。各种管道的声音是由空气中颤抖的圆柱体构成的，但空气不是在风琴中产生的。与其风箱不同，风琴本身只是一种装置，用于让空气的各部分以这些特别有限的形式散落在世界上。

我现在的论点是：当我们想到思想是大脑的一个功能这个规律时，我们不仅需要考虑生产的功能，也要考虑许可作用和传递功能。这是普通的心理生理学家在其解释中没有考虑到的东西。

例如，假设整个宇宙的物质——地球上的装置和天堂合唱班——变成了仅仅是现象的表面面纱，它只是为了隐藏并阻挡真正实在的世界，那这种假设不仅对于常识而且对于哲学都是陌生的。常识过于着迷地相

（续上页）因此，布希纳（Büchner）说："思维必须被视为一般自然运动的一种特殊方式，它是中枢神经元物质的特征，就像说收缩运动是肌肉运动，而光的运动是宇宙中以太的运动一样。……这种想法是而且必须是一种运动方式，不仅是逻辑的假设，而且最近也通过实验证明了这一主张……各种巧妙的实验已经证明，我们最快能够产生想法的时间至少需要八分之一或十分之一秒。"——《力量与物质》（*Force and Matter*，1891，p.242）

作为运动方式的热和光，"磷光"和"白炽灯"是生产理论将意识比喻成的现象："正如人们看到的，放在炉中的一根金属棒逐渐加热自身，并且——随着热量的波动越来越频繁——从亮红色的阴影逐渐过渡到暗红色（原文如此），再到红色，再到红白色，并随着温度的升高，热量和光照同样升高。因此，活着的敏感细胞在诱因存在的情况下，逐步提升自己的内在敏感性，进入异常兴奋阶段，并在一定数量的振动下缓解疼痛，这是同一种感觉的生理表达，它就像被过度加热成红白色。"——J.Luys：Le *Cerveau*（《大脑》，P. 91）

珀西瓦尔·洛厄尔（Percival Lowell）先生也写道："当我们有一个想法时，我们内部发生的事情可能是这样的：分子变化产生的神经电流通过神经，通过神经节最终到达皮层细胞……当它到达皮层细胞时，它会发现一组不太适应这种特殊变化的分子，电流遇到了电阻，克服了电阻，细胞就会发光。这种细胞被加热到红白色就是我们所谓的意识。简而言之，意识可能是发光的神经。"——《神秘的日本》（*Occult Japan*，1895，p.311）

信面纱背后的实在，而观念论的哲学宣称整个世界都在自然经验中。正如我们所说这种自然经验，只是一种无限思想在时间上的遮蔽、粉碎或折射，这个无限思想是唯一的实在，在其中，数百万计的有限意识流将其当作我们的私人自我。

“生活，就像一个色泽斑斓的玻璃圆顶，它为永恒的白色光芒上色。”

现在假设这真是的如此，并且假设，这个圆顶在任何时候都不透明，足以对抗整个超级太阳的光芒，但在某些时候和某些地方，它会变得更透明些，让某些光束穿透这个尘世的世界。这些光束可以说，就是如此多的意识的光线，它们的数量和质量会随着不透明度的变化而变化。看起来，只有在特定时间地点，作为一个事实物质，自然的面纱似乎才会变薄，才有足以让这些效果发生的空隙。但是尽管是有限和不满足的，那些宇宙之绝对生命闪现的地方，是无时无刻不被给予的。感受的光芒，灵光闪现，知识与感觉的流动，都漂入我们有限的世界。

现在，要承认我们大脑面纱是如此薄，如此半透明，然后会发生什么？为什么当白色的光芒穿过圆顶时，玻璃上有各种各样的染色和扭曲？或者现在，由于那些声带的特性，通过我声门的空气被确定并限制其力量和共鸣质量，从而形成了声门，塑成了我自己独特的声音。即使如此，实在的真正物质，灵魂生命在其完满性之中，还是会以各种受限制的形式，带上了我们有限个体的所有不完美和奇特性，突破我们的大脑进入这个世界。

根据大脑发现自身处于的状态，隔绝它的障碍物也可能被认为是有起伏的。当大脑处于完全活跃状态时，它会下沉得如此之低，以至于相当多的精神能量涌入其中；但在其他时候，只有在深度睡眠的情况下，偶尔才会有这样的状况。当最终大脑完全停止或衰竭时，它所推动的特殊意识流将完全从这个自然世界消失。但提供意识的存在结构仍然是完整的，在那个更真实的世界中——甚至是在这里——它仍然是连续的，意识可能以我们未知的方式继续存在。

你可以看到，在所有这些假设中，我们灵魂的生命，正如我们在这里所知道的那样，不仅仅在字面意义上是大脑的功能。大脑将是一个独立的变量，心灵会根据它而变化。但是，这种自然生命对于大脑的依赖绝不会使不朽的生命变得不可能——它可能与死亡面纱之后的超自然生命完全相容。

正如我所说，那么致命的后果并不是必然的，物质主义所得出的结论仅仅是因为它片面地使用了“功能”这个词。而且，无论我们是否关心不朽本身，作为在各种人类异常行为中扮演警察角色的批评者，我们应该坚持认为，由于简单地忽视一种显而易见的选择而进行的拒斥，本就是不合逻辑的。当否认的是一种关于人类的重大希望时，作为真理的爱好者，我们本应坚持到何种程度啊！

因此，在严格的逻辑中，关于大脑的唯物主义中最突出的东西被勾勒出来。因此，我的话应该已经对你们的希望起到了一种释怀的作用。不管你们是否在乎能够从允诺中获得收益，在这之后你们都可能相信这些。但是，因为这是一个非常抽象的观点，我认为对于这个问题需要更具体的条件，这将提供帮助让我们可以在这个问题上多说两句。

所有抽象假设听起来都不真实。我们的大脑是自然界中的彩色镜片这个抽象的观点，承认来自超级太阳光源的光线，也会对它进行渲染和限制，这听起来很美妙。但你可能会问，这是什么愚蠢的比喻？怎么能想象出这样的功能呢？不是普通的物质主义概念更简单吗？意识难道不是与某种流、气味、电流或神经束更具有可比性吗？在自身特殊的器皿中产生出来，将大脑的功能看作是一种生产性功能，难道不是在科学上更严谨吗？

直接的回答是，如果我们正在谈论的是被肯定地理解的科学，那么功能只不过是随附的变化。当脑活动以一种方式改变时，意识以另一种方式发生变化；当电流通过枕叶区时，意识就能看见事物；当通过较低的额叶区域时，意识就将事物告诉自己；当它停下来时，她去睡觉，如此等等。在严格的科学中，我们只能记下这随附的事实；所有关于生产或传输的讨论，作为发生的模式，都是纯粹后设的以及形而上学的假设，因为我们无法在细节上根据某种概念设计出一种观念，让它胜过另一个概念。要求说明传输或生产过程中的各种迹象，科学承认她的想象力是无法做到这点的。到目前为止，她没有一丝猜想或暗示，甚至没有一个随意的口头比喻或双关语。Ignoramus（无知），ignorabimus（不可知），这是大多数生理学家在这个地方会说的词。在大脑中产生意识这样的东西乃是绝对的世界之谜，它如此矛盾、不同寻常，就像是大自然的障碍物，而且几乎是自相矛盾的，但它们将会回应最近柏林那些生理学教授们的问题。对于茶壶中蒸汽的生产模式，我们是有所洞察的，因为变化是物理上彼此同质的关系，我们可以很容易地想象这种情况只包括分子运动的改变。但是在大脑意识的产生中，这些关系在自然上是完全异质性的；就我们的理解而言，它就像我们所说的那样，是一个伟大的奇迹，思想是“自发地产生”，或“从无到有的创造”。

因此，生产理论本身并不比任何其他可想到的理论更简单或更可信。它只是更受欢迎。如果普通的物质主义者提出挑战，即，让一个人来解释大脑如何成为限制和确定某种在其他地方产生的特定形式之意识的器官，那么所有人需要做的，就是反问说，“你也一样”，并反过来问他，如何解释大脑是一个生产出凭空捏造之意识的器官。从辩论的角度看，这两种理论实际上是完全一致的。

但是，如果我们更广泛地考虑传递理论，在它与不朽问题的联系以外，我们就会看到它具有一定的正面优势。不过，究竟如何进行传递确实是不可想象的；但可以说，这个过程的外在关联，激励了我们的信念。这个过程中的意识不必在很多地方重新产生。它已然在帷幕之后，与世界同步存在。传播理论不仅以这种方式避免了奇迹的增加，而且它使自己与生产性理论相比，同一般的观念论哲学有了更好的联系。当科学和哲学因此相遇时，它总会被认为是一件好事[①]。

它使自己与一个被称为“阈值”的概念相关——自从费希纳在他的著作《心理物理学纲要》（*Elemente dre Psychophysik*）中使用了这个

---

① 传递理论很自然地将自己与被称为先验论的全部思想倾向联系起来。例如，爱默生（Emerson）写道：“我们躺在巨大的智慧圈中，这使我们成为真理的接受者以及行动的器官。当我们辨别正义时，当我们辨别真理时，我们并不为自己做什么，而是让自己成为通往桥梁的过道。”——《自力更生》（*Self-Reliance*，p.56）。但是，没有必要将讲演中假定的意识与先验观念论的绝对精神都当作幕后预先存在的，尽管事实上它的观念可能会朝着这个方向发展。先验观念论的绝对精神是一个整体，一个单一的世界精神。但是，出于我的演讲目的，幕后可能会有很多心灵，也可能只有一个心灵。传递理论绝对需要的是它们应该超越我们的心灵，因此，它们来自某种已经存在并且比其自身更大的思想。

词——所谓的“新心理学”中就总是回荡着这个说法。正如他所说的那样，费希纳将意识的条件想象成某种心理物理运动。在意识到来之前，必须在运动中达到某种活跃程度。这个必要的程度称为“阈值”，但是阈值的高度在不同的情况下会有所不同：它会有所起伏。当它下降时，就像在清醒状态下一样，我们意识到在其他时候我们应该无意识的事物；当它升起时，就像在困倦中，意识整个消沉下去。这种心理物理阈值的上升和下降完全符合我们意识传递中永恒障碍的概念，在我们的大脑中，障碍可能有多或少不同程度上的增长①。

---

① 费希纳的“心理－物理阈值”概念与他的“波动方案”联系在一起，英语读者对此知之甚少。因此，我用他自己的话，简要概括如下：

“心灵上的一与肉体上的多相连；肉体上的‘多’在心灵上收缩成一个‘一’，这是一个简单的，或者至少是一个更简单的一。另一种说法是：精神的统一和简单是物质多样性的产物，物理上的复多性给出了统一的或简单的结果……

“按照这些说法聚合起来并赋予它们以意义的事实如下：……我们大脑的两个半球是独立思考的；我们两个视网膜的相同部分也是独立观看的……我们身上最简单的光、声音的感受，是与过程联系在一起的，这些过程是外部的震荡引发和维持的，因此这些感受，它们自身有某种震荡的性质，尽管我们完全没有意识到其独立的位阶和震荡幅度……

“因此，某些统一的或简单的心理结果必然依赖于物理的多样性。但是，另一方面，同样可以肯定的是，物质世界的多样性并不总是结合成一个简单的精神上的结果——不，甚至当它们综合成一个单一的肉体系统时也是如此。然而，他们是否可能结合成一个统一的结果是一个认识问题，因为一个人总是可以自由地问，是否整个世界就其本身而言可能没有一些统一的精神结果。或者说，我们至少是没有意识到任何这样的结果……

“为了简便一点，让我们把心理－物理的连续性和间断性彼此区分开来。我们说，当物理的多重性给出一个统一的或简单的精神结果时，连续性就发生了；不连续性，只要它能使这些生成物有可区别的多样性就会发生。但是，由于在较普遍的意识或意识现象的统一之内，仍然可以区别出多样性，所以较普遍的意识连续性并不排除特殊现象的间断性。

“现在心理物理学最重要的问题和任务之一是：确定连续性和非连续性发生的条件（视角）。

“为什么不同的有机体有各自不同的意识，尽管它们的身体通过一般的本性发生的联系，正如一个有机体的各个部分之间的联系一样，而后者又产生一个单一的意识结果？当然，我们可以说，有机体各部分之间的联系比自然界各有机体之间的联系更为密切。但是我们所说的更密切的联系是什么意思呢？结果的绝对差异能依赖于任何如此相关的东西吗？难道整个自然界不像任何有机体那样，表现出一种稳固的联系吗？同样的问题也出现在每个生物体中。为什么在触觉和视觉神经纤维不同的情况下，我们能分辨出不同的空间点，而在只有一根纤维的情况下却什么也分辨不出来——尽管不同的纤维在大脑中的连接程度与在一根纤维中各部分的连接程度是一样的？我们可能会称后者为更亲密的关系，但同样的问题又会出现。（接下页）

（续上页）“毫无疑问，摆在心理物理学面前的问题无法快速地回答；但是我们可以确立一个一般的关于其处置的观点，与我们在前一章中所规定的关于更一般的和更特殊的意识现象之间的关系相一致。

之前有段话可以插入这里——基本原则是：人类的心理-物理活动必须超过一定强度，才会发生清醒意识，在清醒状态下，对所说明的活动的任何一种特定描述（不管是自发的还是因为受到刺激），能够引发特定规范的意识，反过来必须超过一定的强度，意识才会真正产生……

事物的这种状态（它本身是不需要描绘的），可以用一种形象或一种图式来说得更清楚，也更简明。想象人的整个心理-物理活动是一个波，这个活动的活跃程度可以用波高于水平基准线或水平面的高度来表示。每一个心理-物理的活跃点都贡献一个纵坐标……意识的形成和演化将取决于这个波的上升和下降；意识的强度在任何时候都在当时的波的高度上；如果清醒的意识存在的话，那么高度必须总是在某个地方超过某个限度，我们把这个限度叫作“阈值”。

让我们称这种波为总波，我们讨论的阈值为主阈值。

由于我们的各种意识状态反复出现，有些是长时间的，有些是短时间的，“我们可以把这样很长的一段时间，看作是我们总体清醒状态的缓慢波动和我们注意力的总体方向，就像一个慢慢改变其顶点位置的波。”如果我们称它为下方的波，那么更特殊的意识状态所依赖的更短周期的运动，可以用叠加在下方的波上的小波来表示，我们可以称这些为上方的波。它们会引起波下的各种变化，而总波将是两组波的合力。

短时间内的运动强度越大，心理-物理活动的振荡幅度越大，代表这些运动的小波的波峰就越高，波谷也就越深，淹没在承受他们的下方的波之下。这些高低起伏必须超过一定数量的限度——我们可以称之为上阈值——才能使与之相关的特殊精神状态出现在意识中。（第454~456页）。

到目前为止现在我们提出的心理-物理活动系统，是通过一幅总波峰高于某一“阈值”的图像，与一个普遍统一的或主要的意识相对应的，我们有一种方法可以把所有这些贯穿于自然界的心理-物理系统的统一性，以及它们的心理-物理断裂性，用一张图表来表示出来。因为我们只需要画出所有的波，使它们在阈值以下碰巧相遇，而在阈值以上，它们看起来是不同的，如下图所示。

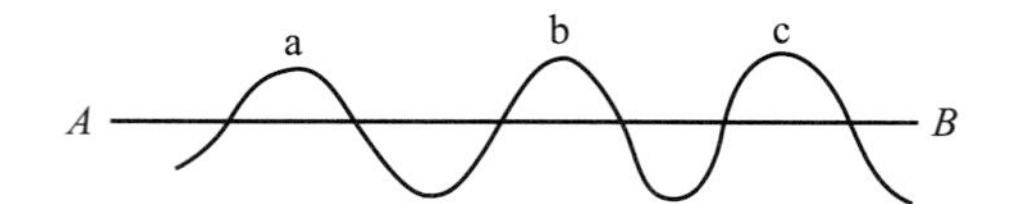

在图中，a、b、c代表三种生物，或者更确切地说，代表三种生物的心理—物理活动的总波，而*A*、*B*代表阈值。在每一波中，超出阈值的部分都是一个综合的东西，并与一个单一的意识相联系。任何低于阈值的，都是无意识的，都将意识波峰分开，尽管它仍然是物理连接的手段。

一般地说：当一个心理-物理的总波自己在阈值以上持续运动时，我们就会发现意识的统一性或同一性，因为与波的各部分相对应的精神现象的联系也同样出现在意识里。与此相反，当总波断开，或者只在阈值下连接时，相应的意识就被割裂了，它的几个部分之间没有连接出现。更简单地说：意识是连续的还是不连续的，是统一的还是离散的，这取决于服务于它的心理-物理的总波本身在阈值之上是连续的还是不连续的……（接下页）

传递理论也使自己与生产理论难以解释的一整套经验联系起来。我指的是人类历史上，时时刻刻被记录的那些模糊和异常的现象，“精神研究者”，以弗雷德里克·迈尔斯先生（Mr. Frederic Myers）为首，正在做很多事情来恢复这些[②]；像宗教皈依，天意指引对祷告的回应，瞬间治愈，预感，死亡时的幻象，透视视角或印象，以及整个通灵术，这样的现象，除了意外、令人难以理解的东西之外，什么也没有说。如果我们所有人的思想都是大脑的功能，那么当然，即使其中任何一个是事实——在我自己看来，其中有些是事实——我们可能也不会认为它们可以在一开始没有大脑运作的情况下发生。但是，普通的意识生产理论是依照大脑行为如何发生的特殊观念而编织起来的——这一观念认为，所有大脑行动，无一例外都是大脑中身体感觉器官直接或间接的先在行为。这样的行为使大脑产生感觉和心灵图像，之后，更高形式的思想和知识才得以形成。作为传递者，我们也必须承认这是我们所有日常思想的条件。感知行动就是降低大脑中的障碍。例如，我的声音和外貌会刺激你的耳朵和眼睛；因此，你的大脑变得更加可被穿透，并且你会在你的立

（续上页）如果，在图中，我们应该提高波的整体水平线，这样不仅波峰而且波谷都高于阈值，那么，后者只会出现在阈值之上的一个巨大的连续波中，而意识的不连续性将被转换为连续性。我们当然不能这样做。我们也可以把波挤在一起，这样山谷就会被压上去，超过阈值的波峰就会变成一条线；此时离散感觉的有机体就会变成单一感觉的有机体。再说一遍，这不是人自愿造成的，而是在人的本性中造成的。他的两个脑半球，右边的和左边的，就这样结合在一起了；反射和表达部分的数量表明，超过两个部分可以因此在心理物理学上结合在一起。你只需要把它们分开，即在阈值之下插入自然的另一部分，它们就会分裂成两个独立的意识存在。——《心理物理学纲要》（*Elemente der Psychophysik*，1860，vol. ii. pp.526–530）。

人们很容易看出，按照费希纳的波图，一个世界的灵魂是如何可以表达的。所有的心理－物理活动都是连续的“低于阈值”，如果阈值降低到足以揭示所有的波动，那么意识也可能成为连续的。然而，整个自然界的阈值通常是非常高的，因此，克服它的意识采取的是不连续的形式。

② 请参阅迈尔斯先生在《心理学研究会会刊》（*Proceedings of the Society for Psychical Research*）上的长篇系列文章，从第三篇中的无意识书写开始，到最后一篇以媒介方式展开的对于知识更高层次的呈现而结束。迈尔斯先生关于整个现象的理论是，我们的正常意识与一种更大的意识持续联系在一起，而这种更大的意识我们不知道其范围，在其与特定人的关系中，他给出了一个不是很恰当的说法：这是他或她“潜意识”的自我——尽管也没有什么人给出过什么恰当的说法。

场上意识到我所说的，意识到我从帷幕之后的世界溜进这个世界。但是，在我提到的神秘现象中，通常很难看出感觉器官可以进入的地方。例如，一个灵媒会告诉客户关于他保姆私人事务的知识，而这些是他自己通过看和听，进而通过推论得不到的东西。或者你会有一个关于现在正在数百英里之外死去的人的幻觉。在生产理论中，人们不会从感觉中发现这种奇怪的知识点是如何产生出来的。在传递理论意义上，它们不必被“生产”——它们现成存在于超验世界中，并且所需要的只是异乎寻常地降低大脑阈值以让它们通过。在转换的例子中，在天意的引导下，突然的心理康复等状况，就体验的主体自身而言，似乎有种外在的力量，与感觉的通常功能或者与感觉引导之心灵的通常功能十分不同的力量，似乎后者忽然之间向着更广大的生命打开，主体的源头就在这更广大的生命中。用斯韦登伯格信徒的教义中的“涌入”这个词很好地描述了新视界，或者新意志给我们的印象，它如同潮水一样席卷了我们。在生产性理论中十分矛盾和无意义的所有这些经验，很自然地落到了其他理论中。我们只需要假设，我们的意识与其来源的一致性，并允许意外的浪潮偶尔冲垮大坝。当然，这些奇怪的降低大脑阈值的原因不管怎样依然是个谜。

给传递理论加上这个优势——我很清楚你们中的一些人不会对这优势给予很高评价——并加了与死后生活不相冲突的优势，我希望你们会同意我的看法，相比我们更熟悉的理论，它要优秀很多。在关于这些问题的历史上，这一理论从未被完全排除在外，尽管它也从来没有被很翔实地发展过。在伟大的正统哲学传统中，身体被视为灵魂在这个意义世界中生活的必要条件；但据说，死后，灵魂获得了自由，成为一个纯粹的智力和无欲求的存在。康德以与我们的传递理论非常接近的方式表达了这一观点。他说：“身体的死亡可能确实是我们心灵感受使用的结束，但也是其理智使用的开端。”“身体，”他继续道，“因此，不是我们思考的原因，而只是一种限制它的条件，虽然它对我们的感性和动物意识至关重要，但它可能被视为我们纯粹精神生活的一个障碍。”[①] 在最近一本没有得到应有关注，但极具启发性和力量的著作中——我指的是之

① 出自《纯粹理性批判》（*Kritik der reinen Vernunft*，2nd Edition，p.809）。

前在牛津大学，后来在康奈尔大学的F. C. S.席勒先生的《斯芬克斯之谜》——传递理论得到了相当充分的捍卫[①]。

席勒先生的概念相比我讲座中简单假定的“传递理论”要复杂得多，公平起见，读者应该阅读原著。

但是，你会问，这种理论以何种积极的方式帮助我们实现想象中的不朽？我们都希望保留的只是这些个人限定性，这些相同倾向和特点，它们将我们定义为我们自己和他人，并构成我们所谓的身份。我们的有限性和局限性似乎是我们个人的本质。当有限的器官停工，我们的灵魂恢复原来的状态，并恢复他们不受限制的条件时，他们会不会像是我们所知道的那种甜蜜的情感之流，即使现在我们的大脑不再是我们快乐的源泉？这些问题确实是生活中的问题，将来英格索尔讲座的演讲者一定会认真讨论这些问题。就我而言，我希望，不止一位演讲者可以深入讨

① 我从席勒先生的著作中摘录了以下段落：“物质是一种精心设计的机制，用来调节、限制和约束它所包含的意识……如果物质的外表是粗糙和简单的，就像在低等生物中那样，那它就只允许少量的智慧渗透其中；如果它是精细和复杂的，它就会留下更多的孔洞和出口，从而让意识呈现出来。……在这个比喻中，我们可以说是低等动物，仍然处于特别嗜睡的低级阶段。而实际上我们已经进入了梦游症的更高阶段，这已经使我们对清醒现象有了奇怪的一瞥，从而预言了超然世界的现实，为唯物主义提供了最终答案。这详细展示了……唯物主义是一种倒置，是将马车摆在马前，可以通过颠倒物质与意识之间的关系而加以纠正。物质不是产生意识的东西，而是把意识的强度限制在一定范围内的东西；物质组织并没有根据原子的排列来构造意识，而是在其允许的范围内压缩其呈现。这个解释……承认物质与意识的联系，但认为解释的过程必须朝相反的方向进行。因此，除了使我们能够理解被唯物主义斥为‘超自然’的事实之外，它还同样适用于支持唯物主义的事实。它通过较高的东西解释较低的东西，通过精神解释物质而不是相反，从而得出了一种最终是站得住脚的解释，而不是最终是荒谬的解释。这是一种解释，认为没有任何可能支持唯物主义的证据会受到影响。因为，比如说，一个人的大脑一旦受伤就失去知觉，显然最好的解释是说，对大脑的伤害破坏了使意识表现得以实现的机制，比如说它摧毁了意识的基础。另一方面，前一种理论更契合于某些事实。有时，人经过一段时间，或多或少恢复了因脑损伤而丧失的能力，但这并不是由于恢复了受伤的部分，而是由于其他部分的替代起到了抑制作用；最简单的解释当然是，经过一段时间后，意识把剩下的部分组成一种机制，能够代替失去的部分。同样，如果身体是一种抑制意识的机制，是为了防止自我的全部力量被过早地实现，那么就有必要改变我们关于记忆的一般观念，并解释遗忘而不是记忆。在我们的一生中，我们会喝下苦的酒，我们的大脑会使我们忘记。这不仅可以用来解释一般溺水和濒死的不寻常记忆，而且还可以用来解释实验心理学偶尔给我们的奇怪暗示：没有什么东西是可以完全忘记的，也没有什么是完全无法回忆的。”——《斯芬克斯之谜》(*Riddles of the Sphinx*，London，Swan Sonnenschein，1891，p.293)。

论我们不朽的条件，并告诉我们，如果其限定性的框架一定会改变，我们可能失去多少，以及我们可能获得多少。如果所有的确定值都是否定性的，正如哲学家所说的那样，很可能就证明，失去大脑的某些特定功能，并不会是绝对遗憾的事情。

但对于这些更高更超越的事物，我不想讨论这种情况；在剩下的时间里，我继续处理我的第二点。和我的第一点一样，它是零碎和消极的。然而，它们一起确实让我们对不朽的信仰有了更自由的翅膀。

我的第二点与令人难以置信和无法忍受的存在物的数量相关，在我们现代想象中，我们必须相信不朽，假如不朽是真实的。我不得不怀疑，这也是现在很多听众观念上的绊脚石，这也是一个我想彻底清除的绊脚石。

我想，由于近代科学理论及其所引起的道德情感，使人们对数量的想象受到了极大的束缚，所以它便成为一种起源于现代的绊脚石。

不同于我们现代的感受，对于我们的祖先来说，世界是一个小小的相对舒适的地方。这个地方最多已经存在六千年之久了。在它的历史中，一些特别的人类英雄、国王、教士和圣徒站在非常凸显的位置，以他们的主张和功绩掩盖了想象力，因此不仅他们，而且所有熟悉他们的人都闪耀着迷人的光芒，据说，就算是全能者也必须对此给予承认和尊重。这些知名人士及其同伴是不朽观念群体的核心。接下来是更小教派的英雄和圣人，没有特殊区别的人形成了一种背景并填充其中。整个永恒的场景（至少到目前为止，是在天堂里，而不是在地狱里）从来没有系于信徒的幻想，并将其当作数量上压倒式的，又让人感到不便、拥挤的舞台。有人可能会称之为贵族式的永生观念。不朽者——我只谈天堂的不朽，因为现在不需要关注一种折磨意义上的不朽——总是一个精英，是精挑细选出来，而且数量有限的。

但是，在我们这一代，一种全新的量化想象力席卷了西方世界。进化论现在要求我们假定，宇宙进程的时间、空间和数字范围远远超过我们的祖先曾经想象过的。人类历史从动物历史中不断挣脱出来，这甚至可能追溯到上古纪元。由此出现了一种悄无声息的，关于不朽的民主观念，而不是旧的贵族观念。对于我们的思想，虽然从某种意义上说，他们可能已经变得有点愤世嫉俗，但在另一种意义上，在进化论的观点看来，它们的设计是颇可同情的。我们的骨中之骨和我们的肉中之肉，就是史前两个半野蛮的兄弟。尽管和我们一样，他们被这个神秘宇宙的巨大黑暗笼罩着，但他们也还是出生并死亡，遭受痛苦和挣扎，沉溺于可怕的犯罪和激情，陷入了最黑暗的无知，被可怕和怪诞的幻觉折磨，但却以坚定的信念服务于最深刻的理想。他们坚持认为，任何形式的存在都胜过不存在，他们曾成功地把生命的火炬从即将毁灭的魔爪下拯救出来，多亏了他们，现在，这火炬为我们照亮了世界。当我们回想这些数不清的人在生存压力之下紧张不安，气喘吁吁，人与人之间的差别是多么细微啊！在上帝眼中，个人品格上的小小出众是多么微不足道啊！它被淹没在人类品质的汪洋大海之中，而那些品格出众者则默默地、无畏地履行着基本的职责，过着英雄的生活！当我们思考这些惊人的场景时，我们就变得谦卑和虔敬了。不是我们之间的差异与区别——我们觉得——绝对不是，而是我们在痛苦、持续努力之下共同忍耐的动物本能，在神的眼中才是真正救赎我们的东西。一种巨大的同情与亲情充斥内心。数量巨大的紧跟其后的奋斗者摒弃掉不朽，它对我们而言成了不理性的观念。下面是一个太过于荒谬的观念，不值得认真考虑：我们在个人教养或者在宗教信仰上的优势，应当构成生命这场大宴会中我们与我们同伴之间的差别，这会让我们的命运产生如此重大的不同，我们获得永生，而对于他们来说，则是之后的折磨，如同野兽般的死亡。不仅如此，野兽自身，不管野性程度如何，总是时时刻刻引领着某种英雄式的生活。而一个现代的心灵，像某些人的心灵那样被宇宙的情感所扩展，被伟大进化论者关于宇宙连续性的观点所扩展，这种连续性犹豫着不愿画出一条线将人区分出去。如果有什么生物可以永远存在，那为什么不是所有生物都如此？——为什么不是有耐心的野兽？因此，如果我们想要沉溺在一种对永恒的信仰中，它在今天就会要求我们给出数量惊人的表现形式，甚至我们的想象力也会在其面前束手无措，而我们个人情感会拒绝面对这一任务。我们所接受的假设太过宽泛，我们没有面对结论，反而抛弃了它开始的前提。相比于相信所有霍屯督人和澳大利亚人曾经、将会并自始至终与我们分享不朽，我们其实会更快地放弃它们。在一种相当丰富的意义上，生命才是一个好东西；但天堂自身，宇宙的时间和空间，在我们看来，只有在不断膨胀、永恒持续的概念下，才会令我们惊叹莫名。

我自己作为现代科学文化的接受者，经历了这样的主观体验，我确信，许多听我讲座，甚至是大多数听我讲座的人，都有过这样的体验。但我也看到，其中有一个巨大的谬误，由于这个谬误中没有什么可以解放我的心灵，我感到今天晚上我需要为我的听众给出的一项服务就是指出其位置所在。

这是世界上最明显的谬论，唯一奇怪的是全世界都没有看清它。它是我们所承受的那无法克服的盲目带来的结果，是对其他生命内在意义的无知，是一种将我们自身的无能为力投射到广袤宇宙的自负，是通过我们自身微不足道的需求来衡量绝对的要求。我们的基督徒祖先比我们要更容易处理这个问题。我们实际上缺乏同情，但是他们对那些异类却是极为反感，他们天真地认为神也有这种反感。和他们一样，我们的先人在看到异教徒时，感到一种特别的喜悦，认为创造者把他们创造出来仅仅是为了给地狱之火加点燃料。我们的文化使我们变得人性化，但我们甚至在天堂之中也不将他们看作是我们的同伴。正如老话说的那样，我们不需要他们，这让我们去思考他们的生存时显得十分苦恼。你可能认为，让一部分精心挑选的人类生存着，让他们来代表一种有趣而奇特的人性是好的；但其他的东西，伴随着巨大数量而来的东西，那些你只能以抽象的总括性态度想象的，你可以确定的，却一定是某种其构成单元不见得有什么个体尊荣的东西。你认为，上帝自己也不需要他们。每一个特殊精英的不朽，对他和宇宙来说，都是一件无法消化的负担，就像它对你一样。因此，你任其自然，让整个话题陷入一种精神上令人眩晕恶心的状态，另外，你首先怀疑这些人是否可以不朽，就算你感到他们可能会不朽，也不确定是否可以如你自己个人的方式那样不朽，如你那样珍贵。我确定，这就是我面前你们中有些人的态度。

但是这样一种态度不是因为你想象力的完全缺失和死亡吗？你从自己的角度看待这些异世界的人群，他们是在你的视网膜上画出的一幅外在图画，由于其巨大的数量和混乱呈现为一种群体的压力。因为他们是为你而存在的，所以你认为他们确实并且绝对是这样的。你说，我感觉并没有要求他们，因此，也没有什么东西要求他们。但一直以来，在这种你认识他们的外在性方式之外，他们其实是以敏锐的内在性方式，带着生命最剧烈的颤动认识自身的。“你是会死的，以你自己的观看方式，或是丧失气息、丧失理智，或是丧失感觉。你睁开眼睛，看到一幅图景，但你完全不理解其意义。每一种奇异景象或者甚至是令人厌恶的异乡人，都被一种生活的内在愉悦所振奋，这种愉悦和你感受到的自己内心中的激情相比，一样热烈，甚至要更热烈。太阳升起，美丽光芒播撒在道路上。就如史蒂文森（Stevenson）所说，失去自己内心的快乐，就是失去整个的自己”[①]。在无数的生命之中，每一生命的持续都被激发生命形态的意识所召唤，所热切期望。你既没有意识到，也没有理解，更没有召唤它，你不需要它，你和它处于一种绝对不相关联的场景中。你有一个利益的饱和点，告诉我们，没有什么利益是绝对的。宇宙是创造出所有存在的起源，它也同时创造出对于实体的召唤——一种对于实体持续性的欲求，即使不在别的地方，它也在实体内心中创造了这种欲求。假定说，仅仅因为我们与他人共鸣的私人能力很快消失，就认为无限存在内心会有过多、过剩或饱和的东西，这是荒谬的。这并不是说似乎有一个范围固定的房间，在其中已经具有的心灵必须上升或者腾出空间，并且聚在一起以便能容纳新的居住者。每一种新的心灵都有自身关于空间宇宙的看法，有自己栖居其中的房间；这些空间不会相互拥挤——就好像，这是我的想象力的空间，并不会和你的相互冲突。可能的意识数量看起来不受任何类似于物质世界中的所谓能量守恒法则的支配。当一个人觉醒，或者一个人出生时，另一个人并不必须睡去或者死去，以便能够保持宇宙中的意识处于一个恒定的数量值。实际上，冯特（Wundt）[②]教授在他的《哲学体系》（*System of Philosophy*）一书中，就制定了一个宇宙法则，他称之为精神能量增长法则，在其中，他明确反对将这种法则类比于物理事物中的能量守恒法则[③]。似乎，精神存在方面的积极增长，并

① 我恳求读者仔细阅读 R. L. 史蒂文森一篇伟大的短文，题为《提灯笼的人》，该文章重印于名为《穿越平原》（*Across the Plains*）的文集中。我们注定要被这样的事实所困扰：我们是实际的人，承担的任务非常有限，需要看顾的理想十分特殊，我们对内在感受，对不同于我们的存在物其整个的内在意义，可能完全是盲目的和麻木的。我们对这样的生命所具有之价值的看法，绝对是不切实际，根本不值得一提。

② 威廉·冯特（Wilhelm Wundt，1832 年 8 月 16 日—1920 年 8 月 31 日），德国生理学家、心理学家、哲学家，被公认为是实验心理学之父。（译者注）

③ W. Wundt：*System der Philosophie*，Leipzig，Engelmann，1889，p.315.

没有一种形式上的限制；由于精神存在无论何时到来，都确证自身，拓展自身并苛求持续性，我们可能会公正地说，不考虑我们自己私人同情心上的缺陷，在宇宙中支撑个人生命的东西，无论变得多么不可测量，都不可能超出需求。在供给物本身产生的那一刻，对这种供给物的需求就已经存在了，因为被供给的众多存在物也要求自身的延续。

你看，我从所有其他个体存在物都有的东西谈起，这些存在物实现并内在地享受了自身的存在。如果我们是泛神论者，我们可以在这里打住。之后，我们只需要说，通过他们，正如通过这么多不同的表达渠道，宇宙的永恒精神，确证并实现了自身的永恒生命。但如果我们是有神论者，我们可以在不改变结果的情况下走得更远。我们接下来可以说，神有着如此永无止境的爱的能力，他的呼告与需求就是被创造物永无止境地会聚增长。在供给持续增加的情况下，他不会和我们一样变弱，疲乏。他在一切事物中都是无限的。他的同情永不满足永不饱和。

我希望你们现在同意我的观点，人口过于拥挤的天堂是无聊的，这是一种纯粹主观和虚幻的观念，是人类无能为力的象征，是狭隘贵族信条的残余。“敬畏你的造物主，抬眼看看他的模样和天空的样子”，你会相信这确实是一个民主的宇宙，在其中，你微不足道的排斥不会起到任何限制作用。在这个星球上的人们有没有征求过你的意见？在一个更大的上帝之城中，人们会在乎你的意见吗？让我们像约伯一样把手放在嘴上，并感激我们在渺小的时候依然存在着。我们可以肯定的是，让我们遭受痛苦的神，可能会让许多其他古怪的人，其他不同寻常的人，还有只是部分美好的东西遭受痛苦。

那么，就我个人而言，从逻辑上说，我是愿意在这片世界森林中生长的，每一片在微风中沙沙作响的叶子都成为不朽。这纯粹是一个事实问题：叶子是这样，抑或不是？抽象的数量，以及我们眼中这么多相似事物如此重复，这些与主体无关。因为巨大、数量和类别是相似的，只是我们有限思维方式所能采取的唯一方法；并且，除了我们的想象之外，宇宙的一个尺度和数量，看起来并不比另一个更神奇或不可思议，你给予宇宙自由的那个时刻，它就会替代原本可以想象的非实体占据的位置。

存在的心并没有排除那些类似于我们可怜的小心思确定的东西。其他生命的内在意义超出了我们同情的力量和视野。如果我们在自己生活中感到某种重要性，这会让我们自发地主张其永恒性，同时让我们去容忍其他生命做出类似主张——不过这些生命数量极其巨大，不管它们在我们看来是多么不完美。无论如何，让我们不要对我们的要求做出不利的决定，它让我们可以直接去感知，因为我们不能凭借好恶去决断他人的主张，而这些主张的立足点是我们无法完全感知的。这无异于让盲人制定关于视力的法律。

斯塔伯克[1]的《宗教心理学》前言[2]

本书作者的文名尚不显赫，但他的思考态度极为端正，如果一些更老练的作者能写几句推荐的话作为序言，我想他的书会更迅速地被认同。我相信这本书是有价值的，所以很高兴能够写这么一个序言。

很多年前，斯塔伯克博士还是哈佛大学的学生，在对周围人群的宗教观念和宗教经验进行统计学探究时，想要获得我的支持。我那时担心，在他看来我只是用随口的称赞破坏整个计划。那时在美国，在心理学和教学事务上以问题传单的方式收集信息，已经到了有点令人厌烦的地步。斯塔伯克博士的问题有一种特别寻根究底和关涉私密的特性，看起来缺乏诚意的自我中心主义者可能给出过分繁杂的答案。而且，几乎没有人的思想中有哪怕一丁点的原创火花，以至于对广泛散播出去的问题的回答可能只是呈现出纯粹习俗的内容。作者的观点，以及所使用的措辞只有历史的基础，而没有心理学的基础，它们只是新教民族精神的惯用口

---

① 斯塔伯克（E. D. Starbuck，1866—1947），是美国早期宗教心理学学术研究的杰出人物，也是第一个使用“宗教心理学”一词的学者。

②参见斯塔伯克：《宗教心理学》（*The Psychology of Religion*，London：Walter Scott，Ltd.；New York：Charles Scribner's Sons，1899，pp.7-10）。

号；而且，当自我身处其中时，他可能同时以演绎的方式将这些全部推演出来，同时，也以这种繁杂、归纳的方法收集这些东西。我告诉斯塔伯克博士，我希望他进行传单收集的主要结果，是特定数量的个人回答，这些回答与特殊的经验和观念相关，而这些经验和观念可以通过某种方式被看作是典型的。我认为，进行分类，按比例提取，归纳为平均值，这些会让结果丧失意义。

但是斯塔伯克博士更加坚定地完成了他的任务，这项工作涉及几乎令人难以置信的工作量。我已经处理并阅读了他的大部分原材料，并且刚读完此书的校订内容。我必须说，结果充分证明了他对自己方法的信心，而且我现在对自己在信念上乏善可陈感到有些惭愧。

除了它所包含的许多非常有趣的个人忏悔之外，这些材料在其余大部分内容上显然是真诚的。当然，民族精神决定了它的特殊用语及其大部分概念，这些概念几乎无一例外都是新教徒的，且主要是福音派的；为了比较的目的，类似的收集其实也应该有一些天主教、犹太教、伊斯兰教、佛教和印度教的资料。

但是，斯塔伯克博士表明，他的目标是在批判性讨论中，将一般性的东西从特殊、特定的东西中分离出来，并将报告还原到其最普遍意义的心理学价值上。在我看来，统计的方法在这里确实切实可行，百分比和平均值已经被证明有自身的意义。例如，斯塔伯克博士的结论是，“转换”不是一种独特的体验，在道德和宗教发展的通常事件中有其对应物，这种转换可以从年龄、性别、症状的对照中显现出来，这些对照又是通过对各种不同类型的变化进行数据对照而获得的，从技术上说，转换在有些人那里是存在的，而在另一些人那里就不存在了。这样的统计论证不是数学证明，但它们支持假设并确定了概率，尽管他们的许多数据缺乏精确性，但它们产生的结果却不能以任何不那么笨拙的方式得到。

一种正确的解释是，斯塔伯克博士充满耐心的工作旨在给科学与宗教的长期对峙带来和解。你们的“福音派”极端主义者会认为，转换是一种绝对的超自然事件，在普通心理学中没有什么能与之相对应。另一方面，你们的“科学主义”拥趸在其中除了看到歇斯底里和情绪化，即一种绝对有害的病理性紊乱，看不到别的任何东西。对于斯塔伯克博士来说，并不是只有这些选项。在很多例子中，这可能只是一个完全正常的心理危机，标志着从儿童世界向更广阔的青年世界过渡，或从青年世界向成年世界的过渡——这是一场福音机构只会有条不紊地强调、弱化和调节的危机。

但我不应该在序言中提前透露这些东西带来的结果。它们将大量迄今尚未发表的事实汇集在一起，形成了对个人和集体心理学最有趣的贡献。它们带着罕见的鉴赏力和宽广胸怀解释这些事实——开阔的心胸确实是它们最引人注目的特征。它们以一种如此富有同情心的方式解释两种极端的观点，尽管任何一方都可能认为自己最后一句话还没有说出来，但两方都不会留下那种无可救药的误解感觉，这种误解在科学界和宗教界人士之间发生争执后非常普遍。最后，它们得出了明智的教育推论。因此，总的来说，基督徒和科学家必然会从中找到能够启迪自己和进行改进的东西。

简而言之，斯塔伯克博士在统合考虑心理学、社会学原材料这一伟大过程中做出了重要补充，而我们这一代人早就十分渴望地想要占有这些材料了。他在一个新的地方破土动工，他唯一的前辈（据我所知）是柳巴博士（Dr. Leuba）[①]，后者在他发表于《美国心理学杂志》第七卷的文章中有一个类似的但没那么详尽的调查。这些例子应当进一步寻找类似的人，调查应该拓展到其他地方，以及有着其他信仰的人。

我毫不犹豫地推荐这本书，因为它在宗教和心理学上都让人感兴趣。我相信它会迅速得到认可，作为一份对人性的文献研究，它是非常重要的。

---

① 詹姆斯·亨利·柳巴（James Henry Leuba，1868年4月9日—1946年12月8日）是美国心理学家，他对宗教心理学的贡献最为著名。（译者注）

卢托斯拉夫斯基[①]《灵魂的世界》前言[②]

我为之写这篇序言的作者，已经通过那部极具分量的英文作品《柏拉图的逻辑》（*The Logic of Plato*）表明，他是一位极具才华的哲学家——从这个被滥用的术语的技术和学术含义上可以这么说。他既多才多艺又在学术上严谨规范，与此相关的是他之前的作品，即使不是长篇大论也数量颇丰，有许多是用别的语言写成的文章，这些语言包括拉丁语、波兰语、俄语、德语、西班牙语和法语，而其主题更是涉及从化学到政治的方方面面。现在的这部作品中——如果作品这个说法可以用在一个作者的心灵如此自由敞露的东西上——有世界主义的东西，作者通晓多种语言，深谙人性，踏实工作并几乎从专业哲学家的行列中“逃离了”。实际上，“灵魂的力量”是一个信念的简单表露，这个信念是一个极富同情心、有着慷慨心境的人所特有的，在哲学上这是正确的，但现在他是以直接确定的形式表达所有这些理想的东西，并且拒绝（至少在此时）任何技术性的圈套和可能反对意见的掣肘。这些圈套和反对意见

① 温琴蒂·卢托斯拉夫斯基（Wincenty Lutoslawski，1863—1954），波兰哲学家、作家。

② 参见卢托斯拉夫斯基《灵魂的世界》（*A World of Souls*，George Allen & Unwin，1924，pp.5–8）

就在那些说着权威话语的哲学教授心中萦绕着，对他们来说，天真地自己担负责任去确定一个什么东西，是他们绝对不愿承担的风险。

卢托斯拉夫斯基教授尊重哲学，他甚至崇拜它，他总是谨守哲学的柏拉图式传统；但他发现哲学怀疑性的顾虑和拘谨并没有什么用处。他是一个真正的、爱默生意义上的超越论者。对于许多人来说，他肯定会像先知一样，不是作为文士，而是带着权威，传达信心与快乐。

我们对生活的一般态度，我们对事物应该如此和必须如此的信念，通常比我们清晰的推理更深刻。在大多数情况下，后者只是用于社交目的而做的伪装。人们确认了信念，但很少创造它们，而且他们几乎从不把它们放在那不情愿的他人心中。在每个领域里面，人们公认的常识就是，个人的例子传递一种态度，它有重要的意见确认和观念交流的力量。当然，个人的例子必须具有可传播性，让人印象深刻且是权威的。如果要通过写作展开工作，作家必须具有文学魔力和魅力，具有一些魔幻的特质。我们现在的作者是否具有高度的或者其他什么程度的可传播特性，这个问题只能通过他的书成功或不成功来回答。

我为其写作序言的这个作者似乎拥有这些。不过，如果他是用自己的母语写作的话，可能会更引人注目。拥有这些的人们可以确定地，并且不使用推理来表达自身，而卢托斯拉夫斯基教授比他自己声称的要更少进行推理。这其实更自然，因为他的信念毕竟是在人类伟大传统的序列中。他本质上是一个唯灵论者。也就是说，他相信个人的灵魂乃是最终形式和不可还原的事实。他将它们称为“物质”。但是，对这个学术术语的偏见不应该成为英语读者理解作者实际意义的障碍。也就是说，我们每个人，在他内在个性中，都是宇宙中永远接受和永远活跃的那一部分。这个宇宙是一个个人灵魂的巨大层级系统。换句话说，无论是在物质意义上还是理念意义上，卢托斯拉夫斯基教授都不是一元论者，而是一个多元论者，一个单子论者。世界只是一个集合的统一体，这是一个所有层级中鲜活灵魂的巨大集合，从最底层推动物质粒子运动的数量最多的灵魂，到顶层的，我们所谓上帝单一主导的灵魂；但这个上帝并不是神学意义上的“造物主”，他只是一个主导者，是处理那些不听话力量的工作者。在他和我们之间，还有起到中介作用的精神；而我们的作者如果在事先确定的规则之下做归类，必定被归为多神论者而非一神论者。

单子论和多神论，始终是人们真切的本能信念，但在哲学界却长期受到压抑，不过，它们正逐渐开始在我们这个时代哲学文献中再次咄咄逼人地展现自己的面貌。我们的作者可能被认为是这一运动的有力盟友。

当然，它有一种信念，即一个灵魂对另一个灵魂的直接影响是普遍和基本的因果关系类型；自由必须存在，并伴随着行为不一致的可能。因此，科学所依赖的自然一致性与其说是自然必须先天地遵循先验原则的结果，还不如说是对自然低洼地带中起作用的大量基本因素进行实际统计的结果。

所有这些观点在卢托斯拉夫斯基教授的一本较小的著作中表达得更为简明扼要:《论个人主义世界观的基本要求和后果》(*Ueber die Grundvoraussetzungen und Consequenzen der individualistischen Weltanschauung*, Helsingfors, 1898.）对于那些可能希望对这个主题有更简要、更客观处理的读者，我强烈推荐这部迷人的作品。

用最简略的术语来说，这是抽象的形而上学框架，也是卢托斯拉夫斯基教授对待生活的态度。当然，很少有哲学家如此生动地表达他们关于世界观的理论带来的后果。在哲学课堂之外，大多数人认为他们相信这位作家所相信的东西，他们赞同自由和不朽、灵魂和灵魂的交往。但这种枯燥的赞同，与鼓舞我们波兰朋友信仰的力量之间有多么大的区别啊！他的信仰至关重要又实事求是。对他而言，这个宇宙真的是由灵魂及其关系组成的。友谊、爱情、兄弟情谊和忠诚等美好的情绪洋溢在他的文本中。这些东西是他宇宙中的绝对事物。有了它们，有了自由，有了不朽，所有美好的事物都是可能的；最好的是真的可能的，因为实现可能性的各个要件都在这里了。我们生活在一个真正精神的共和国，正缓慢但确定无疑地演变成人们梦寐以求的天国。

当然，在具体完成这部分工作的过程中，卢托斯拉夫斯基教授是有意充满乌托邦主义和浪漫主义地如此做的。但是，随着世界的发展，乌托邦主义和浪漫主义也被推动前进，所以这不是一种对激进的谴责——

我将所有其他细节留给读者。这些书，这些“有着善良信念的书”，最终即使没有出版商、批评家、“序言”作者的帮助，也能在最后找到自己的位置。它们帮助的人，会向别人提起它们；它们最终会获得天然同情的支持者。如果热情的人性和慷慨能够为一个作家赢得同情的倾听，那么卢托斯沃斯基教授肯定会提前找到他的听众。

爱默生 ①

死亡的悲惨之处在于，经过那些被琐事压得沉重不堪的岁月，那些因其逝去而感到沉重的岁月，当生命终结、这些岁月结束时，人们在记忆之中留下的经常只是微不足道的小事。一种虚幻的态度，思维方式的回响，几页印刷物，一些发明，或者我们在短暂关键时刻所取得的一些收获，就是我们最好的部分能够留下的东西。就好像人的全部意义现在已经浓缩成一个单纯的音符或短语，这些暗示着他的独特性——有一种人是幸福的，他的独特之处给人一种清晰的感觉，以胜过这种浓缩和删减不可避免带来的遗憾。

爱默生的独特性格，就如同一个理想的幽灵，今天在整个康考特上空盘旋，它以一种更加饱满的形象被那些他曾经的邻居、亲友记在心中，在年轻一代中越发有吸引力，而且让我们明白了精神的宝贵。曾经在街道和乡间小路上流传的东西，或者在田间和树林中等待着心爱的缪斯女神赐予的东西，现在已归入尘土；但灵魂的印迹、精神的声音，却在时代的咆哮中越发响亮和清晰起来，似乎注定要对后代人产生高贵的影响。

是什么给爱默生的个性如此无与伦比的味道，甚至超过他丰富的精

---

① 文章题为“威廉·詹姆士的讲话”，收录于1903年出版的《爱默生诞辰一百周年纪念文集》，第67~77页。文章另收录于1911年亨利·詹姆士编辑的《回忆与研究》（*Memories and Studies*）第17~34页。（译者注）

神天赋，超过了这些天赋的组合？很少有人知道他那些天赋的极限或者他心中才华的极限。“按照你自己的方式来。”他常常对年轻的学生说。也许人们对他生活最主要的印象是他对自己品性和使命的忠诚。这种品性是他喜欢称之为学者的属性，是纯粹真理的感知者，而他的使命是以恰当的方式报告每种感知。他说，这一天很好，我们对此有最丰富的感知。有时候，乌鸦欢叫着，野草，雪花，或农民在田间的劳作，都成了真理之智慧的象征，对于这些真理，最雄伟的现象也可以呈现出来。让我们记住我们的职责，然后独自走开，问问天空、大地和森林，每天从早晨开始就孜孜以求关于宇宙结构的新知识，这是良好的精神将会给予我们的。

这是爱默生的前半部分，但只有一半；因为他的天才很难表达完整，关于他的真相需要得到正确的陈述。外在的形式对爱默生来说至关重要，无法将其与实质分开。它们形成了一种化学组合——他把一些琐碎的思想通过名词和动词表达出来，而这些名词和动词又与这些思想结合在一起。有人说过，风格就是这个人本身；这个人就是爱默生在他的风格中致力于实现的，如果我们必须用一个词来定义他，我们必须称他为艺术家。他是一位以语言为媒介，以精神材料为载体的艺术家。

这种对精神进行观察和报告的责任主宰了他生命的整个阶段。他住在乡下是为了保护它不受入侵和干扰，并且他一直拒绝让自己卷入各种关系，或者让自己受其他事务的牵累，尽管他相信这些东西，但他觉得这是其他人的责任而不是他自己的。即使是照顾他的花园，“只需要在很小的空间中弯弯腰，动动手指”，他还是发现自己“变小了，并且中邪了”，然后就会毫无歉意地用长时间的自由走动和闲逛来代替这些。有无数种“事业”试图让他成为它们的“工人”——所有的都得到了他微笑和同情的话语，但没有一项让他服务于其中。反对奴隶制的斗争本身，正如它对他的吸引力一样，但他坚定地说：“上帝必须主宰他自己的世界，并且在我不擅离职守时，知道如何走出这个深渊，因为除了我，没有人可以守护它。和这些黑人相比，我还有其他奴隶要去解放，即大脑深处被禁锢的思想，除了我之外没有其他人守护它们或爱它们。”这是对他的良心可能遭到的质疑的回应。对于那些具有更客观责任感的热血道德主义者来说，这种对其天才极限的忠诚，必定经常使他看起来极其遥远而且难以企及；但是，我们能够以更自由的观点看待事物的人，会毫无保留地支持这些结果。在他如此无畏地在其中彰显自身时，那种他在保护自身安全时确定的完美策略，是个适合分享给全世界理论家和艺术家的例子。

爱默生生活所遵循的视界和信条可以用他自己的话最好地总结出来：

“伟大与尘土如此贴近，上帝离人如此亲近！”

在个人的事务中，普遍的理性光芒照耀着他自己。伟大的宇宙智慧终结了，并在凡人和流逝的时间内安置自身。我们每个人都是其永恒视域的一个角度，对我们创造者忠诚的唯一方法就是忠于自己。“哦，富有而又多才多艺的人啊！”他喊道，“在你视觉和声音的宫殿中，有你对早晨，对夜晚，对浩瀚星空的感受；在你的大脑中，有上帝之城的几何学；在你的心中，有爱的树荫，有对与错的领地。”

如果个人这样直接地敞开心扉，那么，我们每个人，甚至最低贱的人都有一些东西，让我们不应该同意以二手的方式借鉴传统和生活。“如果约翰是完美的，为什么你和我还活着？”爱默生写道，“只要人活着，就有一些需要；让他为自己而战吧。”爱默生著作中最具特色的也许是这样一种信念：在第一手鲜活的生活中，存在着某种神圣的东西。他最炽热的一面就是这种不墨守成规的规劝，如果他的脾气能接近一般人所谓的脾气暴躁的程度，那一定是由于他在这一点上感情热烈。这个世界仍然是新的，还没有尝试过。一个人只有亲眼看见，而不是听别人说看见什么，才能发现真理是什么。“我们每一个人都可以沐浴在从东边海洋升起的伟大早晨中，并成为光明之子的一员。”爱默生说，“相信你自己，每颗心都随着那根铁丝跳动……每个人在接受教育的过程中，都有那么一段时间会确信……模仿就是自杀；不论好坏，他必须把自己当作他的一部分；要知道，虽然广阔的宇宙充满了美好，但是除非他把自己的辛劳奉献给那块供他耕种的土地，否则不会有一粒有营养的谷物能到达他的手中。”

爱默生以其无与伦比的雄辩，宣告了活着的个人之主权，使他那一代人激动起来，获得解放。毫无疑问，未来的批评家们将把这一声号响视为他思想的灵魂。当前存在的人是原初的实在，制度是派生的，过去的人对于现在的问题是无关紧要的，应当被忘却。如果有人拿着一把斧头砍你的树，口中念着《约翰福音》第一节第七段，或者是一个来自圣保罗的句子，爱默生写道，那你就告诉他："我的树是乾坤树（Yggdrasil）——是生命之树。……让他知道你的信念是明确而充分的；若他是保罗，就当知道，你也在这里，与创造你的主同在。"他坚持说，"永远忠于上帝"是"背离了上帝之名"。因此，尽管他的全部思想带有强烈的宗教色彩，当他开始他的职业生涯时，他的许多从事牧师职业的兄弟似乎认为，他不过是一个破坏圣像和亵渎圣物的人。

爱默生认为，个人在理性上必须足以胜任世界精神召唤他去完成的使命，这就是这些崇高书写的来源，它激励和支持我们的青年，在这里爱默生敦促他的听众对自己的个人良心保持绝对忠诚。一个人安于他所指定的位置和性格，就没有什么能伤害他。这样的人是刀枪不入的，他平衡了宇宙，平衡宇宙的方法是，他小的时候保持小，他变伟大时，就保持恢宏壮阔。"我热爱并尊敬伊巴密浓达（Epaminondas），"爱默生说，"但我并不想成为伊巴密浓达。我爱这个时候的世界，胜过爱他那个时候的世界。如果我是对的，你也不能通过说如下的话而让我感到一丝不安：'他行动了，而你却静坐不动'。当行动是需要的时候，我看到行动是好的；当坐着是需要的时候，坐着也会是好的。伊巴密浓达如果是那个我尊崇的人，当他处在我的位置时，也会快乐且安宁地静坐不动的。天堂很大，它为各种形式的爱和勇气都提供了空间。""我在这里这一事实本身就明确地告诉我，灵魂在此处需要一个器官。难道我不需要承担我自己岗位的职责吗？"

所有超越实用性以及炫耀自夸都是无益的，在这一点上，爱默生从来没有像在这些段落中如此愉快地提出过，也是在这里，爱默生发展了他哲学中的这个维度。品格会不容置疑地宣扬自身。"隐藏你的想法！把太阳和月亮藏起来。它们向宇宙呈现自己。尽管你不能说话，它们却要借着你说话。它们会从你的行为、举止和面容中流露出来……什么也不要说。你之所是的东西就与你站在一起，就像是雷声大作时，我听不到你向另一个人在说什么一样……人是什么，这一点以光明的文字篆刻在他自己身上。隐瞒对他毫无用处；吹嘘夸耀也是如此。我们眼神之中有忏悔之意，在我们的笑容中，在招呼致意中，在握手之中，皆是如此。他的罪玷污了他，破坏了他所有的良好形象。人们不知道为什么不信任他，但他们确实不信任他。他的恶遮住了他的眼睛，在他的面颊上刻下了卑劣的印迹，捏住了他的鼻子，在他的后脑勺留下了野兽的标志，而且在一个国王的额头上写着：哦，傻瓜！傻瓜！如果你认为不应去做什么，那就别去做。一个人可能在茫茫沙漠中做傻事，而每一粒沙子似乎都会看到这一点……人如何能够隐藏！人如何能被隐藏起来！”

另一方面，一句真诚的话，一个真诚的思想，却也从来不会缺席。“从来没有说一个宽宏大量的人跌倒在地，一个热心之人却毫无理由地拒绝伸出援手……英雄并不畏惧如下情形：如果他不公开支持正义和勇敢的行为，那他就不会被人注意到，也不会被人喜爱。一个人知道这一点——他自己知道——从追求和平和高尚的目标中获得幸福，这最终将被证明是比叙述事件更好的宣言。”

在爱默生的思维方式中，只要是真实的，那么就有同样不可剥夺的权利，从人到物，从不同的时间到不同的地点，都是如此。如果充实其中的生命才是本真，那没有一个时间、一个地点是不重要的——

“在一个偏僻的村庄里，一个热情的青年在孤独中徘徊、悲叹。在这片昏睡的荒野中，他带着红肿的眼睛，读到了皇帝查理五世的故事，然后他的想象力使他看清楚了周围的森林、听到米兰人模糊的炮声和德国的进行曲。他对那个人的日子感到好奇。其中充斥着什么？灵魂回答说——看看他在这里的日子吧！在这些树木的嘶鸣中，在这些灰色田野的静寂中，在这北方群山呼啸的凉风中，在你所遇见的工人、男孩、少女之中，它存在于早晨的希望、中午的无聊与下午的散漫之中，还存在于令人不安的比较中，存在于对缺乏活力的悔恨中，存在于伟大的思想和无力的行动中。看看查理五世的日子，虽然是另一个日子，却与今日也是一样。再看看查塔姆的、汉普顿的、贝亚德的、阿尔佛雷德的、西皮奥的与伯里克利的日子吧——看看所有女人孕育之人的日子。环境的差异仅仅是外表。我在品尝同样的生活——它的甜美，它的伟大，它的痛苦，这是我在别人身上所欣赏的。不要愚蠢地去问它那无法说出的神秘、已然消逝的过去——那种本性，那些日子的细节，叫拜伦，叫伯克——而要问它现在包含着的东西……做日子的主人，然后你可以把历史书收起来。”

就这样，“所有人都鄙夷的沉重今日”得到了爱默生极好的修正。“别的世界！没有别的世界了。”上帝所有的生命都向特殊的个体敞开，要么此时此地为真，要么无处为真。现在的时刻是决定性的时刻，每一天都是最后的审判之日。

这样一种信念，即神性无处不在，很容易使一个多愁善感的乐观主义者拒绝说任何坏话。爱默生对差异的强烈洞察力使他完全没有这一弱点。他会说，你见过人几次之后，就会发现他们大多数和他们的谷仓和食品储藏室一样，极易发霉，且沉闷无聊。从来没有一个像他这样挑剔而喜爱意义与差别的人，也从来没有一双眼睛如此热衷于发现意义与差别。他的乐观主义与沃尔特·惠特曼[①]那种我们熟悉的、不分青红皂白地向着宇宙大声欢呼毫无共同之处。对爱默生来说，个人的事实和时刻确实洋溢着绝对的光辉，但只有在一个条件下，这一点才能挽救局面——他们必须是有价值的样本——真诚、真实、典型；他们必须与他所称的道德情操有关联，他们必须以某种方式作为宇宙意义的象征性代言人。知道哪一件事是以这种方式做的，哪一件事没有建立起真正的联系，这就是预言家的秘密（必须承认，这多少有些不可言传），而且毫无疑问，我们不能指望预言家有严格的一致性。爱默生本人就是一个真正的预言家。他可以看到个别事实的全部肮脏之处，但他也可以看到改变。他很可能会发现，自己在谈论当今某个反对我们征服菲律宾的煽动者所说的，就是他在谈论他那个时代的某个改革者时所说的。作为一个个体，他本来可以把他叫作一个无聊的讨厌鬼和流浪汉。但他肯定会补充他后来加上的话：“说这个既奇怪又可怕……因为我觉得，在他和他的偏心和排外的统治之下，是大地，是海洋，是其中的一切，是宇宙围绕旋转的轴线，这轴线在他所站立的地方穿过了他的身体。”

不管怎样，这就是爱默生的启示：任何一支笔所书写的都可以是现实的缩影。最平凡之人的行为，如果真正地付诸行动，就能拥有永恒。这视角是他一切倾诉的源泉，正是因为这一真理，又由于以前没有哪位

---

① 沃尔特·惠特曼（Walt Whitman，1819—1892），美国现代诗歌之父，美国历史上最伟大的诗人之一。（译者注）

文学艺术家能够用如此深入又令人信服的语气来表达，后人才会认为他是一位先知，而且也许会忽略其他的篇章段落，而虔诚地转向传达这一信息的那些文字。他的一生是同看不见之神的一次长谈，这长谈是通过个体性与特殊性来表达自身的："伟大与尘土如此贴近，上帝离人如此亲近！"

我说过，人死后，幽灵多么萎靡，回声多么微弱。爱默生的幽灵现在来到我的面前，仿佛它就是这场胜利辩论中的那个声音。随着时间的推移，他的话肯定会被越来越多地引用和摘录，并在人类的经典中占有一席之地。"迎着死亡和一切模糊不清的敌意，你要迈步向前。"敬爱的主啊！只要我们的英语还存在，人们的心灵就会受到鼓舞，他们的灵魂就会因为你们不断使之丰富的高贵、悦耳的篇章而得到强化和解放。

费希纳[1]《死后的生命》导论[2]

我很乐意接受翻译的邀请，对费希纳的《关于死后生命的小册子》（*Büchlein vom Leben nach dem Tode*）这本小书做几句简短的介绍，因为它的句子说得有些深奥玄妙，要正确理解它们，需要熟悉这本书与他一般体系的关系。

在物理学中，费希纳是最早和最好的电常数测定者之一，也是原子理论最好的系统性辩护者之一。在心理学上，人们常常赞美他是第一个使用实验方法的人，第一个以事实精确性为目标的人。在宇宙学中，他被认为是一个关于进化系统的作者，该系统十分认真地考虑了物理细节和机械概念，使意识与整个物理世界相互关联，同步发生。在文学上，他以米塞斯博士的名义发表了一些半幽默、半哲学的文章，并因此而出名——事实上，现在的小册子最初就是署着米塞斯博士的名字出现的。在美学上，他可以声称自己是最早的系统经验主义的门徒。在形而上学上，他不仅是一个独立的理性伦理体系的作者，而且是一个详细阐述神学理论的作者。简而言之，他的思想是众多有序真理交叉的十字路口，

① 古斯塔夫·西奥多·费希纳（Gustav Theodor Fechner，1801 年 4 月 19 日—1887 年 11 月 18 日），是德国实验心理学家、哲学家和物理学家。他是实验心理学的早期先驱，也是心理物理学的创始人，他启发了许多 20 世纪的科学家和哲学家。（译者注）

② 费希纳的这本著作由 Mary C. Wadsworth 翻译，1904 年在波士顿出版，詹姆士这篇导论收在书的第 7~19 页。

人类的孩子们只占据了这些十字路口很短的时间，从这些十字路口上看，特定视角中没有什么东西太远或太近而看不清。耐心的观察和大胆的想象在费希纳那里携手合作，感知、推理和感觉都在最大限度内蓬勃发展，而不影响对方的功能发挥。

事实上，费希纳是一个伟大的哲学家，尽管他和大多数哲学家相比，并不关心纯粹的逻辑抽象物。对他来说，抽象存在于具体事物之中；尽管在他自己追随的科学研究的各个领域中，费希纳都像最专业的专家那样进行着精确的技术工作，他也是因为他自己那个压倒性的一般目标之故，而紧紧跟随着所有那些人——这个目标就是，详细说明他所谓的世界的“白昼视角”（daylight-view），使其获得更大的系统性与完整性。

与夜晚视角相反，费希纳的白昼视角，指的是反物质主义视角，即认为整个物质宇宙是内在鲜活，有意识地活动的，而非是死气沉沉的。在他的著作中，几乎每一页都与他心中那最普遍的兴趣有关。

逐渐地，认为他的推测是荒诞的那一代唯物主义者，已经被具有更大想象自由的一代所取代。思想领袖们，如泡尔生（Paulsen）、冯特（Wundt）、普赖尔（Preyer）、拉斯维茨（Lasswitz）[1]等，都认为费希纳的泛精神主义看起来有道理，并以崇敬的态度来书写他。年轻一些的人也加入进来，费希纳的哲学被当作是科学上的时尚。想想赫伯特·斯宾塞（Herbert Spencer）[2]，为了他的体系的统一性以及与事实的密切关联，本应该增加一种积极的宗教哲学，而不是他那枯燥的不可知论；他应该把幽默和轻松（即使是日耳曼式的轻松）与他更深沉的推理结合起来；他本应该是一个百科全书式的人物，也应该更加细腻精巧；他应该显示一种简单而又神圣地追求真理的个人生活——想到这些，我说，如果可以的话，你可能会形成一些对费希纳更加能够代表的那些观念的名称，并理解在他的祖国，越来越多勤奋好学的年轻人对他的推崇。他相

① 泡尔生（Friedrich Paulsen），德国新康德主义哲学家和教育家；冯特（Wilhelm Maximilian Wundt），德国生理学家、哲学家、教授，今天被称为现代心理学的奠基人之一；普赖尔（William Thierry Preyer），英国出生的生理学家，曾在德国工作；拉斯维茨（Kurd Lasswitz），德国作家、科学家和哲学家，被誉为“德国科幻小说之父”。（译者注）

② 赫伯特·斯宾塞（Herbert Spencer），英国哲学家、生物学家、人类学家和社会学家，以其社会达尔文主义理论而闻名。（译者注）

信整个物质宇宙是有意识的，有不同的跨度和波长，有内含物和外包装，这一信念似乎注定要建立一个学派，随着时间的推移，这个学派将变得更加系统化，更加团结。

这个现在看来有点教条主义的简短作品，其一般背景可以在费希纳的《光明视角与黑暗视角》（*Die Tagesansicht Gegenüber Der Nachtansicht*）、《阿维斯陀》（*Zend-Avesta*）和他的其他著作中找到。一旦掌握了理想主义的概念，即内在经验是现实的，物质不过是一种形式，当内在经验与外界互相影响时，内在经验便会彼此呈现；我们很容易相信，意识或内在经验从来都不是从无意识中产生或发展出来的，它和物质世界是同一实在永恒并存的两个方面，就像凹和凸是同一曲线的两个方面一样。"心理物理运动"，正如费希纳所说，是所有现实中最意味深长的名字。作为"运动"，它有一个"方向"；作为一种"心理的"，其方向可以被认为是一种"倾向"，因为所有的一切都以内在经验和倾向的方式连接在一起——例如，欲望、努力、成功；而作为"物理的"，其方向可以用空间术语表示，也可以用数学公式表示，或者以描述性"法则"的形式表示。

但是运动是可以叠加和混合的，更小的加到更大的上，就像微波加到波上。在精神领域和物质领域都是如此。从心理学上讲，我们可以说意识的一般波动是从潜意识的背景中产生的，它的某些部分抓住了重点，就像微波抓住了光一样。整个过程是有意识的，但是意识的强烈波动是如此短暂，以至于它们暂时与其他部分分离开来。他们意识到自己是独立的，就像小树枝忘记了那颗作为自己父母的树，意识到自己是独立的一样。然而，这种与外界隔绝的体验，在它逝去时，会留下一段自身的记忆。残余意识和随后意识因为它的发生而变得不同。在物理方面，我们说与之相对应的大脑过程永久性地改变了大脑未来的活动模式。

现在，根据费希纳的看法，我们的身体只是地球表面的微波。我们生长在地上，就像树叶从树上长出，我们的意识从整个的地球意识中产生出来——它忘记感谢——正如在我们的意识中，一个强有力的经验出现了，并使我们忘记了整个经验的背景，而没有这种背景，经验是不可能的。但当它再次陷入其中时，它并没有遗忘这一背景。相反，它被记住了，并且，作为被记住的事物，过着更自由的生活，因为它现在把自己这样一个有意识的观念，和其他被记住的事物及无数同样有意识的观念结合起来了。即便如此，当我们死的时候，我们的整个生命系统都会带有逝去的经验。

在我们身体的生命历程中，尽管它们总是更普遍的、囊括性的地球意识的构成要素，但它们自己却没有留意到这个事实。现在，它们在整个地球心灵上作为记忆留下了印迹，它们在那里主导了观念的生命，并意识到自己不再是孤立的，但伴随着所有其他人类生命留下的类似印迹，它们进入这些新组合，重新受到生活经验的影响，并且反过来影响生活。简而言之，享受生存的“第三阶段”——这本书的开头就是对这个“第三阶段”的定义。

在费希纳看来，上帝是整个宇宙的整体意识，地球的意识构成了其中的一个要素，同样，我的人类意识和你的人类意识构成了整个地球意识的要素。就我理解的费希纳而言(虽然我不确定)，整个宇宙——因而也包括上帝——在时间上是进化的。也就是说，上帝有一段真实的历史。通过我们能感知经验的器官，地球丰富了它的内在生命，直到它也“奠基其上”，并通过那些更广泛的内在经验元素的形式变得不朽，而这些经验的历史甚至现在还交织在上帝的整个宇宙生命中。

正如读者所看到的，我们的整个计划是从如下事实中得出的：我们自己内在生命的跨度交替地收缩和扩展。你不能说出任意一种当前意识状态的确切边界在哪里。它逐渐变成一种更普遍的背景，即使现在其他国家对人们想要明白的这些多有欺瞒。这一背景是物理呈现的内在方面：首先，它是作为我们残余的和仅仅部分激活的神经元素，然后在更远的距离上，是作为我们称之为我们自己的整个有机体。

这种区分的不确定性，阈值变化的事实，就是费希纳概括的类比，仅此而已。

他的理论有很多困难。他自己意识到问题的复杂性，他处理问题时颇为精细微妙，这些都是令人钦佩的。有趣的是，我们可以看到，尽管有不同的动机，不同的论点支撑，他的推测与我们自己一些哲学家的推测却是极其一致的。罗伊斯的吉福德讲座《世界与个体》(*The World and the Individual*)，还有布莱德利的《外表与实在》(*Appearance and Reality*)，以及泰勒的《形而上学的要素》(*Elements of Metaphysics*)，会立即出现在人们的脑海中。

在和平宴会上的讲话[1]

我只是一个哲学家，而只有一件事可以依靠哲学家来做。你知道统计的功能被巧妙地描述为对其他统计数据的反驳。嗯，哲学家总是会与其他哲学家相悖。在古代，哲学家将人定义为理性动物；从那以后，哲学家总是发现，关于定义的理性部分而不是动物部分更有可说之处。其实，有更多可说的东西。但坦率地看，理性相比于人性的其他部分所占的比例，与我们和美洲其他地区相比，以及波利尼西亚和欧洲、亚洲、非洲相比所占的比例是一样的。如果你在某个时间、某个地点考虑它，那理性自然是力量中非常微弱的一种。只有在很长一段时间内，它的效果才能被察觉。理性预设在没有偏见、嗜好和兴奋情绪的情况下，通过相互比较和权衡来确定事物；但具体事情的解决所依赖的，是并且总会是偏见、嗜好、贪婪和兴奋情绪。像我们一样诉诸理性，就处于一种孤注一掷的状态，就像汹涌海洋中的一个小沙滩，随时会被冲毁。但是，当条件合适时，沙滩也会变大；和理性的弱点相对的，是理性较其对立面具有的唯一优势，即，当人们的偏见发生改变，激情起起伏伏，兴奋的情绪断断续续之时，理性的工作永不停止，总是朝着一个方向努力。我绝对相信，我们的沙滩一定会变大，它将一点一点变成堤坝，变成防洪堤。但是，像我们这样坐在一个温

① 这个宴会是1904年10月7日世界和平大会闭幕的那一天在波士顿举行的。文章刊载于《大西洋月刊》(*Atlantic Monthly*)，1904年12月第94期，第845~847页。

暖的房间里，有音乐和灯光，觥筹交错，笑意盈盈，很容易对于我们的任务过于乐观，在我被要求发言之前，我似乎都觉得没有必要说些不合时宜的，关于我们敌人的力量如何强大的话。

我们的永久敌人是人性中引人注目的好战本性。从生物学角度考虑，人，或者他被认为所是的其他什么东西，单纯就是所有猛兽中最强大的，而且实际上，也是唯一系统性地捕猎自己同类的存在者。我们曾经都沉浸在那种军事状态中。千年的和平也不会将战斗倾向抽离我们的骨髓，不会摒弃这样一种如此根深蒂固、至关重要的能力：绝不毫无抵抗地默默死去；这些东西总会找到根深蒂固的辩护者和美化者。

不仅那些生来就是士兵的人，而且从事贸易与日常工作的平民、从事研究的历史学家、讲坛上的神职人员，都是战争的美化者。他们认为战争是上帝的正义法庭。而且实际上，如果我们的战争历史决定了我们国界外的那许多事情，我们就必定感到，尽管有诸般恐怖，战争还是有一些值得尊重的敬畏之处。我们现实的文明，无论好坏，都因为特定的状况而经历过战争。人类部族中的伟大观念总是意味着获胜的意志，而如果获胜包括屠杀与被屠杀，则情况更是如此。罗马、巴黎、英格兰、勃兰登堡、皮埃蒙特——让我们想象日本也很快是其中之一——都与它们的军队在一起，使它们的品格特性与思维习惯在被它们征服的邻居中占据主导地位。和它们一样，我们实际上享受到的祝佑，是在古代战争的阴影下才发展起来的。各种各样的理想都得到战斗意志的支撑，在无从后退的地方，战争之神必定成为仲裁者。这样一个浅显的看法是对的。谁能说清楚如果人类曾只是一个理性的人而不是好斗的动物，究竟会发生什么呢？和死人一样，逝去的事业也无从谈起，过去那些破灭的理想，以及拥有这些理想的部落，在今天没有任何记录，没有解释者，也没有捍卫者。

但除了理论上的捍卫者之外，除了每个士兵都紧绷着皮带，叫嚷着要机会之外，战争还以我们可以想象的形式得到了全面的支持。事实上，人通过习惯而生活，但他生活更为依赖的是刺激和兴奋。乏味习惯的唯一缓解办法是周期性的兴奋。从远古时代开始，特别是对于非战斗人员来说，战争都是极端的兴奋刺激。每场战争在开始时，都意味着创造性能量的爆发，而在结束时则沉重且拖沓。战争的大坝周期性崩塌，打开无穷无尽的景致，连最遥远的旁观者都能分享战争的壮丽。我想，随着世界范围内可怕争斗的展开，这个房间中的人没有一个不在买了晚报和早报之后，首先打开战争专栏。

如果真的相信人类历史中再也不会有战争的麻烦出现，大多数人在想象未来时，都会极其无精打采。在这个世界停滞不前的夏日午后，热情和兴致将归于何处？

这是我们必须反对的对人性的建构。显而易见的事实是人们想要战争。他们无论如何都想要战争；为了自己，不管每一个可能的结果是什么。这是生命烟花的最后绽放。天生的士兵想要它的愿望火热且现实。非战斗人员希望隐匿在战争之后，并始终保持一种开放的可能性，为其提供想象力并使之保持兴奋状态。它的记录者和历史辩护人在谈到战争时会麻醉自己，好像他们亲临现场一样。让他们感动的不是它为我们赢得的祝福，而是一种模糊的宗教式狂喜。他们认为，战争最终是人性的极端呈现，我们在这里要竭尽所能，这是一个圣礼。他们认为，没有这种神秘的血液支出，社会将会腐烂。

我想，当我们大谈普遍和平或全面裁军时，我们是生病了。我们必须进行医学上的预防，而不是试图彻底治疗；我们必须欺骗我们的敌人，以政治的方式避开其行动的影响，而不是试图改变他的本性。在某个层面上，战争就像爱情——尽管在其他层面上可能不是。这两者都让我们有片刻喘息；在这喘息期间，生活可以在没有它们的情况下过得非常完美，尽管我们在想象中还是与它们磨蹭调情。两者一旦被唤起并展开，都会让人陷入疯狂，而它们是否被唤起依赖于偶然的境况。老处女和老光棍是怎么出现的？不是故意发布独身宣言，而是年复一年在没有婚姻可能的情况下孑然独行。国家与战争也应该如此。看在上帝的分上，让战争保持着一般的可能状态，让我们的想象力能够偶尔触及它。让士兵们想象杀戮，就像让老姑娘想象婚姻一样。但是，实际的机制以各种可能的方式被组织起来，乃是为了让战争不至于接二连三地持续发生。让和平人士掌权，教育编辑和政治家，让他们负起责任；——在英国，他们接受训练，担负责任，却让委内瑞拉事件给挫败了，这做得多漂亮啊！

无论多么微不足道，都要抓住一切借口，采用仲裁的办法，挑起事端；让对手躁动起来，为英勇的能量创造新的发泄渠道。随着一代接一代的发展，人们对于挑起争端变得不那么敏感，而国家之间的紧张状态也没那么危险了。当然，陆军和海军还将存在，并以他们巨大的战争潜能刺激着人们的心灵。但军官们将会发现，在没有蓄意针对某一方的情况下，不管采取什么办法，每种连续的“意外”都会消失无踪，他们唯一的安慰，是去想想如果可能，究竟会发生什么。

战争精神的最后一种较弱的运行将是“惩罚性的冒险”。我认为，一个仅仅反对不文明敌人的国家，被嘲弄为堕落是错误的。当然，它必须停止以古老的形式展示自己的英雄主义。但我确实相信这是因为它现在看到了更好的东西。它是有良知的，它知道文明国家之间的战争是对文明的犯罪。它当然会继续犯下小过失。但是，它害怕（从这个词的好的一面说）从事绝对的反对文明的犯罪。

理性与信仰[1]

我被要求讨论信仰和理性，但其实没有关于它们的明确问题被提出来。很明显在文字上，我和豪森教授（Howison）[2]可能会互相反对，但我真诚地希望情况不是如此。如果我们确实这样，那问题很可能是，理性在没有信仰的帮助下可以充分地得出宗教的结论，所以如果你们允许，我将开始谈这一点。

理性是否被视为充分的，取决于你所谓的理性是指什么。严格地从技术上说，理性是与事实无关但和原则、关系相关的能力。她其实没有能力说明，何种事实存在；但如果她被给予一种事实，就可以推导出另一种事实。她被认为通过她所拥有的原则，可以事先断言事实之间的关系，这些原则包括，原因必须在结果之前而不是之后，诸如此类。

宗教问题完全是事实中的一个。是否存在一个上帝？世界是否真的通过其更高或更低的力量而运转？感到事物有高有低，却认为更高的事物是无力的，这不是一个宗教的结论。如果有上帝，理性可以是有神论的，并且说，我们与上帝同在；或者理性是泛神论的，并且说，我们是

---

① 1906年2月5日，詹姆士在旧金山太平洋海岸一神教俱乐部的晚宴上发表了这篇演讲，作为“理性与信仰”讨论的一部分。

② 乔治·霍姆斯·豪森（George Holmes Howison）是美国哲学家，他在加州大学伯克利分校成立了哲学系，并担任米尔斯（Mills）知识、道德哲学与公民政治学教授的职务。（译者注）

神的一部分；但确实有一个上帝，理性只能从经验事实进行推导，从事实需要一个理由的特性，或者从它们呈现的目的出发进行推导。

如果我们将理性理解为这种严格意义上的推理，那么其在一个坚实基础上得出宗教结论的不充分性就完全是显而易见的，更不用说泛神论与有神论以及它们之间的争执，而无神论自身一直诉诸理性的支持。我最近看到的最深刻的无神论著作是我的同事桑塔耶那的《理性的生活》（*Life of Reason*），我推荐你们所有人去读一读。另外，你们都知道，对于我的同事罗伊斯来说，上帝的存在是理性可以确定的一个事实。这些思想家中谁是真正受理性驱使的？按照一般人的方式，不通过宗教检验而是通过其他检验进行判断，其中的理性都远远超过了我们大多数人所具有的。没有一方可以声称垄断理性，也没有人可以说他的同事没有使用理性，只是通过盲目的信仰就得出了结论。

人们可能会说，信仰在二者的结论中都有涉及。他们的理性指出一片敞开之地，而他们的信仰一跃而入。信仰使用的逻辑完全不同于理性的逻辑。理性声称她的结论具有确定性和终结性。而信仰如果看起来很可能并且实际上也是明智的，那么她就会很满足。

信仰的论证形式是这样的：考虑一个关于世界的观点，“这符合真实，”他觉得；“如果它是真的那就是好的；它可能是真的；它或许是真的；它应该是真的，”他说；“它一定是真的，”他继续道；“它会是真的，”他总结道，“对我而言；也就是说，就涉及我的主张和行动而言，我会把它看作真的。”

显然，其中没有推理的理智链条，就像逻辑书中的连续推理那样的东西。如果你愿意，你可以称之为“信仰阶梯”；但是，无论你怎么称呼它，它都位于我们习惯性生活的另一斜坡上。在并不复杂的情况下，我们的结论不仅仅是可能而已。我们用我们的感情，我们的善意来判断更大可能的所在，当我们做判断时，我们实际上离开了那些较小的可能性，似乎它们并不在那里。你们知道，可能性在数学上是用分数来表达的，但我们很少以分数的形式来行动——行动的一半就不是行动（怎么样对你的敌人只杀一半呢？最好完全别碰他）；所以对行动的意志而言，我们将最可能的看法等同于 1（或者确定），其他看法我们等同于无。

现在，理性完全充分的倡导者可以依照两个过程中的一个，但不能同时依照两个。

他们可以赞同信仰阶梯并采用它，但若是同时称之为理性的运用，在这种情况下，他们通过口头定义来解决争议，这实质上相当于向对方投降。

或者他们可以坚持人们更习惯的理性定义，并禁止使用信仰阶梯，因为人们只会被其误导。他们可以说："振作精神对抗那致命的滑坡。""等待充分的证据，理性和事实必须单独决定，要排除善良的意愿，在你确定之前不要行动。"但是这个建议显然是不可能在重大的实践或理论事务中被遵循的，而理性主义者自己也很少在书本和实践中遵循它，他们习惯性地私下使用他们谴责的不洁之物，所以我不觉得需要认真对待他们的说辞。事实上，这相当于禁止我们活着。

那么，我的结论是，没有什么可争的。如果使用理性这个词来涵盖信仰过程，那么理性确实是充分的。但是，如果把它排除在信仰过程之外，那么在我看来，要充分说明一个人牢固的宗教信仰，很明显就非常困难，而这是许多讨论得以继续下去的前提。

但也许我完全弄错了你们的意思。也许在你们看来，有与经验相反的理性而不是与信仰相反的理性。我认为那种情况还有一些东西需要讨论。

我们同意的宗教问题是关于事实的问题。从有限经验的事实来看，宗教理性主义认为，理性可以推导出无限，从可见的她可以推导出不可见的世界。

现在，从历史上看，宗教理性主义的前提是，所有经验事实被正确解释，物质事实和道德事实导致宗教结论，特别是宗教事实，如改宗、神启或天意引领；不过，尽管它们可以确认我们的宗教信仰，但也不需要首先就确定它们。常见的自然经验事实会做到这一点。

但在这里，我必须重复我在开头说的话。自然经验的事实会强迫人们的理性走向宗教结论，是否只是因为它具体存在着？通过世界上存在的事实，对理性进程有其他看法的人当然会得出非宗教的结论。在这个问题上，人们确实总是得出不同的结论，就像他们在此时此刻就已经得出了不同的结论。有些人会在道德事实中看到能够带来公正的力量，而在现实物质事实中，一种力量以几何方式工作，并且是智慧的，它创造秩序并且热爱美。但是，除了所有这些事实，还有大量与之相对的事实；寻求它们的人同样能够很好地推导出一种对抗公正的力量，它会带来无序，带来丑恶，走向灭亡。这依赖于你将哪种事实看作是更根本的。如果你的理性想要保持不偏不倚，如果她诉诸数据上的对照，并询问哪种类型的事实打破了平衡，哪种方式决定了走向，在我看来，她就必须得出非宗教的结论，除非我们让她体会到更多的宗教经验。根据纯粹自然科学的看法，世界最后的一个词，不外乎就是死亡，自然对于植物、动物、人和部族、地球和太阳，每种她创造的东西的最终判决，都是死亡。

但严格而所谓狭隘的宗教经验为理性提供了一整套额外的事实。他们展示了理性的另一种可能性，然后信仰就可以进入其中。

简而言之，我所说的事实可以被描述为对于死亡之后难以预料之生活的经验。此时，我不是指不死，或是身体的死亡。我的意思是个人经验中的某些心理过程的死亡和终止、失败的过程，以及至少某些人最终的绝望。就像浪漫的爱情似乎是一个相对较新的文学发明一样，这些在绝望之后的生命经验，在路德时代之前，似乎在官方神学中没有扮演什么重要角色；要说明它们的地位，最好的方法是对照我们与古代希腊人和罗马人的内心生活。

在所有对他们道德生活的讨论中，希腊人和罗马人都是一群非常庄严的人。雅典人认为，众神必须钦佩福西昂（Phocion）[①]和亚里斯泰德（Aristides）[②]的正直；而那些绅士自己显然有着相同的看法。卡托（Cato）[③]的真诚是如此无可挑剔，罗马人可以表达的最极端的怀疑就是说“即使卡托告诉我这些，我也不会相信”。对于这些人来说，好是好，坏是坏。教会——基督教所带来的虚伪，几乎不存在；自然主义体系十

① 福西昂（Phocion，约公元前 402—约公元前 318 年），雅典的政治家和战略家。（译者注）

② 亚里斯泰德（Aristides，公元前 530—公元前 468 年），古代雅典政治家。绰号“正义”，他因在波斯战争中的将领地位而被人们所记住。古代历史学家希罗多德称他为“雅典最优秀、最可敬的人”。（译者注）

③ 卡托（Marcus Porcius Cato，公元前 234—公元前 149 年），长者与智者，是罗马士兵、参议员和历史学家。（译者注）

分牢固；它的价值观绝不空洞，也没有讽刺意味。个人如果足够有德性，人们就可以满足其所有可能的要求。异教徒的骄傲从未崩塌过。

路德突破了所有这种自然主义自给自足的外壳。他认为（也许他是对的）圣保罗已经做过了。路德式的宗教经验使我们所有的自然主义标准都破产了。这种经验表明，你只有通过脆弱才能强大。有一道光芒，在其照耀下所有自然确立的东西，所有现在被接受的荣誉、卓越，对于我们个性的守护，都变得极其幼稚。放弃一个人能变好的幻想，这是通向宇宙深处的唯一法门。

这些更深入的触及对于福音派基督教，以及现在被称为“心灵治疗”的宗教或“新思想”来说已经足够熟悉了。这种现象是紧跟在我们最绝望的时刻之后的崭新生活范畴。在我们身上有某些东西，是那些带着所谓德性的自然主义从未涉及的，这些东西有着让我们屏息的可能性，也能展示一个比物理现实或庸俗伦理所能想象的更广阔的世界。这是一个一切都很好的世界，尽管有某些形式的死亡，实际上也是因为有这些形式的死亡、充满希望的死亡、充满力量的死亡、充满责任的死亡、充满恐惧和担忧的死亡，这是异教、自然主义和律法主义将其信任奠基其上的一切事物的死亡。

理性在我们的其他经验，甚至是我们的心理经验中运作，但却不可能在这些特定宗教经验实际产生之前就被推导出。她无法怀疑自己的存在，因为它们与“自然”经验不连贯，并且颠覆了自然经验的价值。但随着它们的到来和被给予，创造拓展了我们的观念。它们认为，我们所谓的“自然”经验，可能只是现实的一部分。它们模糊了自然的边界，并打开了最奇怪的可能性和观点。

这就是为什么在我看来，理性，从具体的宗教经验中抽象出来的理性，总会省略某些东西，而不能得出完全适当的结论。这就是为什么在我看来，所谓特殊的“宗教体验”需要每个渴望推理出真正宗教哲学的人仔细考虑和阐释。

人的能量[①]

我们现在总是听到结构和功能心理学之间的差异。我不确定我是否理解这种差异，但它可能与我私下习惯于将其区分的，心理观察中分析和临床的观点有关。桑福德（Sanford）[②]教授在最近出版的《心理学初学者课程纲要》中，推荐了对该主题的“医师态度”，将其作为教师应首先尝试传授给学生的东西。我想你们很少有人在阅读了皮埃尔·雅内（Pierre Janet）[③]教授在精神病理学方面的精湛作品后，不会为他极少使用心理学家通常依赖的机械装置感到震惊，为他依赖那些我们在实验室中，在科学出版物中几乎没听到过的概念而感到震惊。

辨析和联结、阈值的上升和下降、冲动和抑制、疲劳——这些是我们内心生活中由非医生的心理学家进行分析时的术语，在其中，通过各种手段所要表达的，就是它与正常性之间的偏差。事实上，他们确实可以用这样的术语来描述，只是这么做总是有缺陷的；每个人都必须明白到底有多少东西悬而未解，有多少东西被视而不见。

---

① 这是1906年12月28日，在哥伦比亚大学美国哲学协会会议上发表的主席演讲。文章刊载于《哲学评论》（*Philosophical Review*），1907年1月第16期，第1~20页。

② 埃德蒙·克拉克·桑福德（Edmund Clark Sanford，1859—1924），美国早期著名的心理学家。在约翰·霍普金斯大学格兰维尔·斯坦利·霍尔的指导下获得博士学位，1888年与霍尔一起转到克拉克大学，成为心理学教授和心理学实验室的创始主任。（译者注）

③ 皮埃尔·雅内（Pierre Janet），法国心理学家、医生、哲学家和心理治疗师。（译者注）

当我们转向雅内的书时，我们发现他完全采用其他的思想形式。精神能量水平的振荡、紧张的差异、意识的分裂、情感的不充分与不真实，替代了激动和焦虑。人格解体——这是对其病人生活的总体看法为这个临床观察者带来的基本概念。它们与通常的实验室分类几乎没有任何关系。让一位科学心理学家预测一下，当他的“精神能量供应”减少时患者会具备哪些症状，他能说出的只有“疲劳”这个词。他永远无法预测到，雅内会将这些归结在他所使用的一个词，“精神衰弱”中——最奇异的着迷与焦虑，等于最大的对自我与世界关系的扭曲。

我不保证雅内的概念是有效的，我并不是说两种看待心灵的方式相互矛盾或不协调；我只是说它们是不一致的。每种概念都只是涵盖了我们总体精神生活的一小部分，它们甚至不会相互干涉或竞争。与此同时，要对我们心灵的工作方式给出具体描述，临床概念虽然可能比分析概念更模糊，但确实也更充分，而且具有更迫切的实际重要性。因此，“医生的态度”“功能心理学”无疑是今天最值得进行的一般性研究。

我希望把这一小时用在功能心理学的一个概念上，这个概念在实验室圈子中从未被提及或听说过，但可能被普通、实际的人更多地使用——我指的是，人的精神运行和道德操作依赖的“可用能量的数量”。实际上每个人都知道他自己这个能量趋向高的时期与低能量时的差异，尽管没有人确切知道能量这个术语在这里使用时指的究竟是什么，或者在自身之中趋向、张力和水平指的是什么。这种含糊不清可能是我们科学心理学家完全忽视这一概念的原因。它毫无疑问地将自身与神经系统的能量联系起来，但它呈现的波动不能轻易转化为神经术语；它呈现出的是一个数量的概念，但它的起伏产生了特别的定性结果。提升能量水平是一个人可能发生的最重要的事情，然而在我所有的阅读中，我知道科学心理学没有任何一页或一个段落提到它——心理学家已经将它留给道德家、心灵治疗师和医生去各自分别进行处理。

每一个人都多多少少熟悉在不同日子中自己的情感现象。在通常的日子里，我们知道，在自己身上潜伏着能量，这些能量没有被那时的刺激所唤醒，但如果刺激再强烈一点，它们是可能显现出来的。我们中的大多数人都感到，似乎有一片云笼罩在我们头上，使得我们无法达到最清晰的洞察、最确定的推理、最坚定的决断。与我们应当有的状态相比，我们只是半睡半醒。我们的火花被浇灭，生命气流被阻遏。我们只是利用了一小部分我们可能的脑力和体力资源。在有些人那里，这种正当资源被剥夺的感受极其强烈，如许多医学书籍所描述的，此时我们就患上了可怕的神经衰弱症和精神衰弱症，生命陷入了一种不可能性的巨网之中。

我们受制于它的，不那么完美的活力的一部分可以用科学心理学来解释。这是我们的一部分思想对其他部分施加抑制的结果。良心使我们所有人胆怯。社会习俗阻止我们像萧伯纳著作中的男英雄和女英雄那样去说出真相。我们科学的体面使我们不能自由地运用我们本性中的神秘部分。如果我们是医生，我们的同情是心灵–治疗型的；如果我们是心灵治疗师，我们拥有的是医学治疗意义上的同情，这些是捆绑在一起的。我们都知道有些作为卓越典范的人，却有着极端庸俗的心灵。关键是，他们在智力上也令人尊敬，以至于我们好像不能完全这么说，不能让我们的想法对他们发挥作用，甚至不能提到他们。我已经在那些被理性抑制的我最亲爱的朋友之中做了编号，这些人我可以很高兴地与他们自由地谈论我的一些特殊兴趣，谈论一些特定的作家，比如萧伯纳、切斯特顿（Chesterton）、爱德华·卡彭特（Edward Carpenter）、H. G. 威尔斯（H.G. Wells）[①]，但其实这不会发生，因为这让他们很不舒服，他们不会参加，而我必须保持沉默。因此，文字和礼仪所凝结的智慧，给人留下同样的印象，一个身体强壮的人会习惯于只使用手指来做他的工作，让他的其他器官禁锢起来，不加以利用。

在我们中很少有人的功能不受其他功能的限制。G. T. 费希纳（Fechner）是一个证明这一规则过程的特殊例外。他可以在从事科学的同时使用他的神秘能力。他可以既极端敏锐又非常虔诚。我想，很少有科学家可以做到这一点。很少有人可以与"上帝"进行任何的生活交易。然而，我们中的许多人都清楚地意识到，在许多方向上有多

① 萧伯纳，爱尔兰剧作家；切斯特顿（Chesterton），英国作家、哲学家、文学和艺术评论家；爱德华·卡彭特（Edward Carpenter），英国乌托邦社会主义者、诗人、哲学家、文学家；H. G. 威尔斯（H.G. Wells），英国作家。（译者注）

少自由，我们的生活有何种可能，这些重要的激励形式是不被禁锢的。每个人都有潜在的行动模式，它们实际上是在使用过程中分流产生出来的。

在“恢复活力”的现象中，我们最熟悉的是，能量储存库习惯性没有被挖掘出来。通常，我们一旦进入第一个实际的所谓疲乏层时就停止下来，我们立刻就会做一种停止工作的行为。我们会去散散步，玩一玩或者干够了就歇一歇。这种疲劳程度是我们日常生活中非常奏效的障碍。但是，假如有一种非同寻常的必要性迫使我们继续前进，就会发生令人惊奇的事情。我们越来越疲劳，以至到了某个临界点，然后慢慢地或者渐渐地，这种疲劳感过去了，我们感到比之前更加充满活力。我们明显到达了一个新的能量层次，直到通常的疲劳障碍重新覆盖其上。这种经验层次之间可能是相互叠加的。随后可能是第三次和第四次的“恢复活力”。人们的精神活动和身体活动一样，也呈现出这种现象，在我们可以发现的例外情况中，我们在极端的疲劳困顿之外，甚至找到了我们自己做梦都没有想到过会拥有的那么多自在与力量，这是通常根本就没有利用到的力量源泉，因为一般来说我们并没有被逼着要去突破障碍，我们也没有突破早先那些临界点。

当我们通过时，是什么让我们这样做？要么是因为某些非同寻常的刺激使它们情绪激动，要么是某些非同寻常的必然性观念诱导它们在意志上付出额外的努力。刺激，观念，努力，一句话，就是那带领我们跨越障碍的东西。

在那些慢性虚弱症经常带来的“神经过敏”状况中，障碍已经改变了自己的正常位置。最轻微的机能练习也带来了一种让病人屈服与放弃的苦恼。在诸如“习惯性神经症”的病例中，在“恐吓疗法”之后，在医生迫使病人去进行努力之后（这大大违背了病人的意志），结果是产生了一系列的新力量。首先出现的是极端的苦恼，然后是出人意料的解脱。看起来毫无疑问的是，我们每个人在某种程度上都是习惯性神经症的受害者。我们也不得不承认，存在更广阔的力量范围，以及实际上狭窄的应用范围。我们的生活受制于各种程度的疲劳，而这出自我们的习惯。我们大多数人都可以学学如何将障碍推得更远一点，同时在高得多的力量层次上过一种完善且舒适的生活。

作为一个阶层，农村人和城市人说明了这种差别。快速的生活节奏，一个小时之内做决定的次数，需要考虑的大量事情；在一个大城市中男人与女人的生活，对于一个农村人而言，看起来显得荒谬怪异。他完全不知道我们会如何生活。但要是他在城里定居，在一两年内，如果不是太老，他将训练自己保持与我们任何人一样的步伐，每周出门的次数比他以前在乡下家里每十周出门的次数都要多。生理学家们展示了如何在令人惊讶的不同数量食物上保持营养均衡，既不会减少也不会增加体重。因此，无论在哪种范畴内衡量工作，在数量差异巨大的不同工作中，那个人都可以处在我称之为“效率－均衡”（在达到均衡时既不会获得也不会失去力量）的状态。它可能是体力工作、智力工作、道德工作或精神工作。

当然有一些限制：树木不会长到天空。但显而易见的事实仍然是，全世界的人都拥有大量的资源，只有非常特殊的人才会极端地使用资源。

通常让我们跨过有效大坝的兴奋剂劲往往是经典的情感，爱、愤怒、人群间的同感扩散或绝望。生活的变迁使人们丰富充实。一个负有责任的新职位，如果不压垮一个人，通常，人们可能会说，这会证明他是一个比想象中更强大的生物。即便在今日美国，我们正在见证的也是（我们中的有些人对此钦佩，有些对此觉得惋惜——我必须承认自己对此钦佩）一个非常显赫的政治职位如何作为动力因子对人的能量发挥作用，而这个人在得到职位之前就已经显现出满满的能量了。

在 1905 年 5 月的《当代评论》（*Contemporary Review*）中，悉尼・奥利维尔（Sydney Olivier）[1] 先生在一个名为“帝国建造者”的精彩故事中给我们讲了一个关于爱的动态影响的精彩故事。一位年轻的海军军官与传教士的女儿在一个偏僻的岛屿上产生了爱情——他的船不小心触礁了。从那天之后，他必须想办法再次见到她；他如此竭尽全力，殖民地办公室和海军部再次将他派往那里，由于他所推动的各种融合，该岛最终被吞并到了帝国。最近人们一定对旧金山的情形感到震惊，因为

① 悉尼・奥利维尔（Sydney Olivier），英国公务员。他是一位费边主义者，也是工党成员，曾任牙买加总督和拉姆斯・麦克唐纳第一届政府的印度国务秘书。（译者注）

他们找到了储存他们所拥有之能量和耐性的地方。

当然，战争和沉船事件是男人和女人能够做什么和承受什么的伟大的呈现。克伦威尔（Cromwell）和格兰特（Grant）的职业生涯是战争如何让一个人站立起来的现成案例。我非常感谢诺顿教授[1]允许我向你们读一封来自贝尔德·史密斯上校（Colonel Baird Smith）书信的一部分，这封信写于1857年对德里的六周围困之后，是关于这位出色的军官所认为的胜利之中首先要感谢什么的内容。他写道：

“我可怜的妻子有理由认为，当她找到她的丈夫时，战争和疾病几乎让她的丈夫不能再被很好地照料了。营地的一次坏血病袭击使我的嘴巴溃疡，我浑身的关节都松动了，我的身体满是溃疡和斑点，这让我看起来丑陋不堪。

“一颗炸弹在我面前爆炸开来，弹片击中我的踝骨，这只是一个小伤口，本来完全可以忽略不计，但却在急迫情形和我的不断使唤中不被当回事，情况变得越来越坏，直到踝关节下面的整只脚都黑了，看起来还有变成坏疽的危险。但在有人接替我之前，不管有没有坏疽的可能，我还是坚持使用这只脚，尽管有时候痛苦难以忍受，我还是一直咬牙直到最后。攻击开始后第二天，我又不幸在一个很硬的地方摔倒了，有那么一两天的时间我都在怀疑是不是手肘以下的胳膊都摔断了。幸运的是最后发现只是一次严重的扭伤，但我还是感受到它给我带来的痛苦。为了让这份‘愉快’的清单完美无瑕，我还被持续的腹泻折磨得疲惫不堪，我消耗了大量的鸦片，这些鸦片的数量简直可以让我的岳父[2]脸上有光。不过，感谢上帝，我很大程度上是个塔普利主义者[3]，可以坚强地面对困难。我认为我可以充满自豪地说，即使当我们前景最黯淡时，也没有人看到我丧失理智或者听到我哇哇乱叫。我们不幸地被霍乱蹂躏，而且我震惊地发现，27名军官中我可以召集起来发动进攻的只有15人。然而，我们还是发动了攻击，而在攻击之后，我们陷入了崩溃。当我告诉你围城时的真实情景时，请别害怕，实际上在前不久我几乎一直都靠白兰地

① 查尔斯·艾略特·诺顿（1827年11月16日—1908年10月21日），美国作家、社会评论家、艺术教授。（译者注）

② 托马斯·德·昆西（Thomas De Quincey），英国散文家。（译者注）

③ Tapleyism，塔普利主义者，极端乐观主义者。（译者注）

活着。我对食物没有胃口，但我强迫自己吃下能够维持我生命的东西，我持续渴求畅饮白兰地，因为它是我能够得到的最强烈的刺激物。说起来很奇怪，我完全没有意识到哪怕在最轻微的程度上它对我有什么影响。工作如此令人兴奋，以至于几乎没有什么可以阻挠到它，我发现我生命之中从未有如此清醒的理智和强大的神经。只有我那可怜的身体才是虚弱的，而当我们这些正在完全控制德里的主宰者完成真正的工作之后，我瞬间就崩溃了，我发现如果我想要活下去的话，我不能继续过过去那种帮助我坚持到危机结束的生活。当一切结束，对刺激物的欲望在一瞬间似乎又回来了，而一种对近来成为我生活支撑物的厌倦牢牢抓住了我。”

这些经历表明，在兴奋情绪之下，有时候，我们的有机体进行其生理学工作方式的改变是多么深刻。当必须使用储备能量时，新陈代谢变得不同，人们可以数周甚至数月更大力度地使用储备。

病态，无论在哪里，都会将正常的机制揭露出来。在莫顿·普林斯博士（Dr. Morton Prince）[1]的第一期《变态心理学杂志》(*Journal of Abnormal Psychology*)中，雅内博士讨论了五个病态冲动的例子，其解释对我目前的观点来说非常重要。第一个人是整天吃、吃、吃的女孩；第二个人是整天走、走、走的女孩，从陪同她的一辆汽车中获取食物；第三个人是酗酒狂；第四个人喜欢拔她自己的头发；第五个人伤害她自己的身体，烧伤自己的皮肤。迄今为止，这些反常的冲动已经有自己的希腊名称［如贪食症（bulimia）、行走癖（dromomania）等］，并在科学上被当作“偶发性遗传变异综合征”。但事实证明，雅内的案例中都是所谓的神经衰弱症，或者慢性感觉虚弱症、感觉麻木症、感觉迟钝症、感觉疲劳症、感觉缺乏症、感觉空幻症、感觉虚假症和意志无力感的患者；而且，所有这些人进行的活动虽然无益，但都能临时带来提升特殊活力感受的效果，这会让病人感到重新活过来一次。这些东西就是用来恢复活力的，它们会让我们恢复活力，不过碰巧的是，对于每一个病人而言，他们所选择的古怪行为乃是唯一使他们恢复活力的途径，这就让他们处于病态之中。治疗这些人的方法，是为他们找到一种更有效的、启动他们生命能量储备的办法。

---

① 莫顿·普林斯博士（Dr. Morton Prince），美国医生，擅长神经学和异常心理学。（译者注）

贝尔德·史密斯上校需要利用超大的能量储备，他发现白兰地和鸦片是唯一启动它们的办法。

这类例子在人们中是很典型的。某种程度上说，我们都是被压抑和不自由的。我们并不是自给自足的。有些东西就在那里，但我们没有掌握它。阈值必定要有所浮动。然后我们之中的很多人会发现，某种古怪行为——比如说“狂欢”——起到了缓解作用。不管道德学家和医生怎么说，对某些人来说毫无疑问的是，狂欢和几乎每一种过度行为，至少某些时候暂时有医疗的作用。

可是，当正常的工作任务和生活刺激无法让一个人深层次的能量随时可用，他因而需要明显有害的刺激时，他的体质就在不正常的边缘了。深而又深的能量层的正常开发者是意志。困难在于使用意志，在于做出意志这个词指向的那种努力。如果我们确实这么做了（或者如果有个神，仅仅是命运之神的偶然安排而在这里让我们达成了这种努力），它就会以引发动力的方式对我们产生一个月的作用。众所周知，一种道德意志的成功发动，比如说对习惯性的诱惑说“不”，或者做出某种勇敢的行为，会让一个人几天、几周的能量值都处于一个较高的水准上，而这将给予他一种新的力量。

由日常情境引发的情感和兴奋情绪是对意志的一般刺激。但这些行动往往是不连续的，在没有这些行动的间隙，低层次的生命倾向于将我们团团围住，切断我们与外界的关联。因此，在认知人类灵魂方面最实际的智者发明了著名的系统性苦行方法，以便我们随时都能接触到那个更深的层次。从容易做的工作开始，然后转到较难的工作上，日复一日地练习，我相信，大家都会认可说，苦行主义的门徒可以触及自由与意志力量的极高层次。

依纳爵·罗耀拉（Ignatius Loyola）[1]的精神训练办法肯定在无数信徒身上产生了这种效果。但是最严肃、最令人尊敬、其效果获得最大量实验证实的苦行方法，毫无疑问是印度的瑜伽方法。从远古时代开始，印度追求完美的人就通过哈他瑜伽、王者瑜伽、业力瑜伽，或其他可能

① 依纳爵·罗耀拉（Ignatius Loyola），西班牙巴斯克天主教神父和神学家，耶稣会创始人。（译者注）

的任何一种实践准则，成年累月地训练自己。他们宣称的结果，以及许多公正评判者证实了的确定事例表明，锻炼者的品格增强了，能力提升了，灵魂也更坚定了。不过，在印度事务中，将事实从传统之中剥离并不容易。因此我很高兴有一位欧洲的朋友参加了哈他瑜伽训练，我很乐意引述他对达到的结果的描述。我想，对于我们尚未被使用的力量储备问题，你们会从中得到启发。

我的朋友在道德和智力方面都是一个非常有天赋的人，但却有一个不稳定的神经系统，并且多年来一直生活在一个嗜睡与多动交替的循环中：比如说，三周的过量运动，然后是一周在床上虚脱休息。这种状况几乎没有希望改变，欧洲最好的专家也未能解除这种状况；所以他尝试了哈他瑜伽，部分出于好奇，部分带着一种绝望之后的最后希望。以下是一封他一年前写给我的长达六十页信件的简短摘录：

"因此，我决定遵循辨喜（Vivekananda）[①]的建议：'努力练习'，无论你是生还是死，都没关系。'我临时起意成为辨喜的门徒，并从饥饿开始。我不知道你是否曾经尝试过它……但是，自愿饥饿与非自愿的非常不同，并且意味着更多的诱惑。我们先将餐食减少到每天两次，然后再减少到一次。最好的权威们都同意，为了控制身体，禁食是必不可少的，甚至在福音书中，据说最坏的灵魂也只服从那些禁食和祈祷的人。我们减少了很多的食物，无视化学上人需要蛋白质的理论，有时我们靠橄榄油和面包，或是只靠水果，或是牛奶和米饭；数量非常少——比我以前在一餐中吃的少得多。我开始每天减肥，几个星期就减掉 20 磅；但是这也无法阻止这项决然的事业……我甚至比奴隶生活得更加饥饿！然后，除了练习瑜伽体位或姿势，我们甚至接近突破了我们的四肢。试着坐在地板上亲吻你的膝盖而不弯曲它们，或在你通常触碰不到的背部上方双手合十，或将右脚的脚趾拉到左耳而不弯曲膝盖……这些都是一个瑜伽修行者较易实现的姿态。

"时时都有在呼吸练习：保持呼吸进出两分钟，以不同的节奏和姿势呼吸。此外，极频繁的祈祷、罗马天主教的实践与瑜伽相结合，尝试所

① 辨喜（Vivekananda），印度教僧侣。他是 19 世纪印度神秘主义者罗摩克里希纳（Ramakrishna）的弟子，是将印度哲学吠檀多和瑜伽引入西方世界的关键人物。（译者注）

有一切保护自己远离印度教中恶魔的伎俩。然后把思想集中在身体的不同部位，集中在这些部位内正在发生的过程上。排除所有的情绪，只进行枯燥的逻辑阅读，将其作为理智的食物，并解决逻辑问题……在整个实验期间，我还随手写了一本逻辑手册作为其副产品[①]。

“几个星期后，我崩溃了，不得不中止一切，处于比以往更糟糕的虚脱状态……我那些更年轻的辨喜门徒朋友并不为我的命运所动摇；但我很快从床上爬起，再次尝试，决定战斗到底，甚至感受到一种我以前从未有过的决心，不管付出任何代价都信心满满的绝对胜利意志。究竟是我自己的功绩还是神圣的恩典，我无法断定，但是我更愿意承认是后者。我已经病了七年了，有些人说这是许多惩罚的呈现。但是无论我曾经是多么低劣和卑鄙的一个罪犯，也许我的罪孽即将被宽恕，瑜伽只是一个外在的机会，一个意志集中其上的对象。我还没有想去假装解释我所经历的很多事情，但事实是，自从我 8 月 20 日从床上起来之后，我没有再出现新的虚脱危机，而我现在已经有了最强烈的信念，即任何危机都不会再发生。如果你考虑过去一年没有一个月我不这样嗜睡，你会同意，即使对一个从外部观察的人来说，连续四个月的健康提升也是一个很现实的考验了。在这段时间里，我经历了非常严重的苦行，减少了睡眠和食物，增加了工作和锻炼的任务。我的直觉是通过这些实践发展出来的：对于身体和心灵所需要的东西，有一种前所未有的确定感，这是之前从未有过的，身体现在像驯服的野马一样。头脑也学会了顺从，思想和感觉之流根据我的意愿塑造。我掌控了睡眠和饥饿，以及思想的驰骋，开始了解一种前所未有的和平，一种内心的节奏，与更高或更深的节奏和谐一致。个人的愿望停止了，成为卓越力量之工具的意识出现了。在每项事业中，对无可置疑的成功的平静确定，传递出巨大而真实的力量。我经常猜到我同伴的想法……我们通常会观察到最大限度的独立和沉默。在最简单的自然印象、光线、空气、风景，任何最简单的食物中，我们都感受到了无法形容的快乐；在有节奏的呼吸中，产生出一种无思考无感觉的状态，而且还非常强烈，难以名状。

“这些结果在不间断训练的第四个月开始变得更加明显。我们感到非

① 这本书出版于去年（1905）3 月。

常高兴，从不疲倦，只从晚上 8 点睡到午夜，从我们的睡眠到第二天的学习和锻炼工作，整个过程中快乐不断提升……

“我现在在巴勒莫，过去几天不得不忽略这些练习，但我感觉很新鲜，好像我在接受全面训练，看到所有事情的积极一面。我不急着赶紧去完成……”

在这里，我的朋友提到了他自己的生活和工作，对此我最好保持沉默。他继续以非常实际的方式分析练习及其效果，但是对我而言太长了而不能分享给你们。重复、改变、周期性、平衡性（或某种渴求生命力或精神效果的观念与每种行动之间的关联）等等，都是他认为非常重要的法则。“我确信，”他继续说，“每个能够集中思想和意志，消除多余情绪的人，迟早会成为他身体的主人，能克服各种疾病。这就是一切心灵治疗最终的真相。我们的思想对身体有一种塑造力量。”

我觉得，你们听到我这些离题的信件会感到释然，这些东西最后与你们清楚明白的东西，即，“暗示疗法”是有关联的。如果你们愿意，可以将他的全部行为称为系统的自我暗示实验。就这件事而言我希望尽可能多地在你们思想中以某种方式留下深刻印象（即，我们自然地生活在自己的力量界限之内），这会让它作为例证显得更有价值。暗示，特别是在催眠状态下暗示，现在普遍被认为是一种手段，在某些人那里特别成功，这是集中意识的手段，或者说，是影响他们自己身体状态的手段。它被抛入想象、意志、影响生理过程的精神力的能量发动之中，它通常处于休眠状态，只有在被选中的主题中才会开始发动。简而言之，它是动态的；而描述我们业余瑜伽修行者经验的最简单术语就是自我暗示。

我写信告诉他，我不可能将任何圣事的价值归因于特定的哈他瑜伽过程：姿势、呼吸、禁食等，而且它们在我看来仪式太多，在他的情况和他的辨喜门徒朋友中都有。但是，并非每个人都能突破生活常规在意志更深层次上凝结的障碍，并逐渐将其未使用的能量用于行动。

他回复如下：“你说瑜伽练习只不过是一种增加我们意志的系统方法。你是完全正确的。因为我们不能立即欲求最困难的事情，我们必须想象通往它们的步骤。呼吸是最简单的身体活动，很自然，它提供了一个良好的意志锻炼范围。思维的控制可以在没有呼吸训练的情况下获得，但是通过控制呼吸来控制思想更容易。任何能够清晰且持续地思考一件事的人，都不需要呼吸练习。你说我们没有充分利用我们所有的力量，而且我们经常只有在必要时才学到我们能学的东西，这也是完全正确的……我们没有用完的力量完全可以通过我们所谓的信念（越来越多地）被使用出来。信念就像意志的压力计，记录它的压力。如果我相信我可以漂浮，我就能做到，但我无法相信，因此我很笨拙地被困在地面上……现在这种信念，这种信奉的力量，可以通过很小的努力来培养。我能以每分钟十二次的速度呼吸。我很容易相信我每分钟可以呼吸十次。当我习惯于每分钟呼吸十次时，我学会相信每分钟呼吸六次很容易。因此，我实际上已经学会以每分钟一次的速度呼吸。我不知道要走多远……瑜伽修行者以平稳的方式继续他的活动，不会太多或太少，他越来越能够消除每一次的不安，每一次担心——通过定期训练进入无限，通过对已经熟悉的任务做少量的补充……但你完全正确的是，宗教危机、爱情危机、愤怒危机，可能会在很短的时间内唤醒力量，就像多年耐心的瑜伽练习所达到的那样……印度教徒自己也承认，三昧（Samadhi）可以通过多种方式达到，甚至可以完全不考虑身体上的训练。"

不管怎样，就热情和夸张来说，我朋友的重生毫无疑问就是个例子。第二封信在第一封信之后六个月写成（因而是他开始瑜伽练习后第十个月），信中表示情况有良好的改善。他不动声色地承受了身体上的磨砺，在地中海游轮上到达了第三层，在非洲火车上到达了第四层，与最贫穷的阿拉伯人一起生活并分享他们那些他不习惯的食物，所有这些都是平静地完成的。他之前对某些利益的投入已经给他加上了重负，对我而言，没有什么比他说明情况时道德基调的改变更令人瞩目了。与那些早期的信件相比，这些信件看起来好像是由不同的人写的，耐心、理性替代了激烈，自我认同感替代了专横。两周前（开始训练后的第十四个月）我收到的信息中又有了新的口吻——事实上，毫无疑问，他精神机器的运行已经发生了深刻改变。传动装置发生了变化，和过去相比不一样的是，他的意志现在可以通达了。这里面没有我现在能编造出来的什么新观念、新信念或新情绪，但确实可行的东西，在他身上被培育出来。他只是在过去那些不平衡的地方变得更平衡了。

你会记得他说的是信仰，可称之为意志的"压力计"。把我们的意志称为我们信仰的压力计听起来更自然。思想设定了自由的信仰，信仰解放了我们的意志（我使用这些术语并不想将其标示为“心理的”），所以意志行为记录了内心的信仰压力。因此，考虑到通过情绪激动和努力解放我们储存的能量，无论是有条理的还是没有条理的，我现在必须说，观念乃是我们第三个伟大的动力体。观念有自己的对立面，而且它阻止我们去相信它。因此否定第一个观念的观念本身可能会被第三个观念所否定，而第一个观念可能会重新获得其对我们信仰的自发影响并决定我们的行为。因此，我们的哲学和宗教发展是通过轻易相信、否定和否定之否定来实现的。

但是，不管是唤醒还是终止信仰，观念可能都不太有效，就像是一条线路，有时候是有电的，有时候是没电的。在这里，我们无法看清原因，只能一般性地标出结果。通常而言，一个观念是否生动有用，与其说取决于观念自身，不如说取决于思想中已经有这个观念的那个人。整个“启发”的历史在此处展现出来。哪个观念对这个人有启发，哪个观念又对那个人有启发？除了某个人新受的教育、一开始的性格特质所决定的感受性之外，人仅仅作为人倾向于被观念激发这件事，也是共通的。就像某些对象可以自然地唤起爱、怒意或贪婪一样，某些特定的观念也自然可以唤起忠诚、勇气、忍耐、奉献的能量。当这些观念在一个人的生活中起作用时，它们的效果一般来说确实很显著。它们会改变人们的生活，由于观念，人会释放原先只是有想法，但却根本没有发生作用的无穷力量。“祖国”“联邦”“神圣教会”“门罗主义”“真理”“科学”“自由”以及加里波第的名言“无罗马毋宁死”等，都是抽象观念释放能量的例证。这些说法的社会本质是其具有动态力量的根本原因。它们是特定情形中的制动力量，在这些情形中，没有其他力量可以产生相同的效果，而且，每种说法只有在特殊的人群中才能够成为那种制动力量。

回忆之前做出的誓言或誓约，将会激励一个人做之前不可能的节制行为和其他努力：看看禁酒历史上的那些“誓言”吧。仅仅是对自己情人的允诺就可以彻底净化一个年轻人的生活，至少暂时是这样的。要产生这样的效果，需要一种受过训练的敏感性。例如，一个人的“荣誉”观念，只有在受过所谓绅士教育的情况下，才可能释放出能量。

可爱的皮克勒-穆斯考亲王（Prince Pückler-Muskau）[1]从英国写信给他的妻子说，他发明了“一种人为的方案来应对难以处理的事情”：“我的方案，”他说，“是这样的——我异常严肃地以我的荣誉向我自己保证，去做什么，或者不去做什么，做这个或做那个。在使用这种权宜手段时，我当然非常谨慎……但是当我做出保证，即使之后我认为我决定得过于仓促或者犯了错，我还是坚持事情完全不可更易，不管我预见到结果会有多麻烦……如果我可以在这样审慎的思考后依然违背自己的诺言，我会失去对自己的尊重——通情达理的人恐怕宁愿去死也不愿陷入这种境况吧？……当这一神秘的公式被宣布，为了我自己灵魂的福祉，就算我的想法改变了（而这几乎是不可能的），我也不会改变我的意志……我发现有些东西特别令人满足，在思想中，人们利用意志力量，就能用非常平常的材料建造出思想的护盾和武器，这个过程中不需要任何别的什么东西，只是需要人的意志力量，因此，意志真正配得上无所不能这个称号。”[2]

转变，不管是政治的，科学的，哲学的或是宗教的，都构成了将被束缚的能量释放出来的另一种形式。这些转变起到统合作用，并终止了古老的精神冲突。最后的结果是自由，并且经常会大大增强力量。一个人的信念倘若因此而沉淀下来，总是构成对他意志的一种挑战。但是，为了让特殊的挑战能够产生作用，他必须是一个合适的“面对挑战者”。在宗教转变中，我们调整得非常好，以至于观念在真正产生效果之前，可能已经在“面对挑战者”的心中存在好多年了。不过，为什么这些会被认为极不明确，以至于宗教上的转变被认为是恩典的奇迹，而非自然发生之事？无论如何，这都可能是能量处于高水平的一个标志，此时，之前不可能的“否定”变得轻而易举，一系列崭新的“肯定”正大行其道。

我们现在正好见证了观念带来的一种非常丰富的能量释放，但科学教育对我们大多数人来说不适合用来理解这种现象，这种释放体现在那些皈依“新思想”“基督教科学”“形而上学治疗”或其他形式的精神科

---

① 皮克勒-穆斯考亲王（Prince Pückler-Muskau），德国贵族，是著名的风景园林艺术家，围绕他在欧洲和北非的旅行出版了一些书籍，笔名“塞米拉索”。（译者注）

② 出自《在英格兰、爱尔兰和法国旅行》（*Tour in England, Ireland, and France*, Philadelphia, 1833, p.435）。

学的人身上，这些人今天遍布我们四周。这里的观念是健康和乐观的；很明显一股宗教活动的潮流正席卷美洲大地，这股潮流在某些方面非常像早期基督教、佛教和伊斯兰教的传播。这些乐观信念的共同特征是，它们都倾向于抑制霍勒斯·弗莱彻先生所说的“忧思”。弗莱彻将“忧思”定义为“自卑的自我暗示”；因此，我们可以说，这些系统都是由于力量的暗示才运转起来。力量，无论大小，都会以各种形式出现在个人身上——正如他们将要告诉你的，力量并不“在乎”那些经常给自己增添烦恼的东西，力量乃是为了专注于自己的精神、好心情与好脾性——委婉一点说，总体而言，这里有让我们的道德上更坚定，更灵活的力量。

我所知道的真正圣洁的人，是我认识的一位正忍受乳腺癌的朋友。我并不想去评判她不遵守医生的嘱托是否明智，我在这里举她的例子只是想要说明观念能做到什么。在她被诊断应不抱希望地躺到床上之后，她的观念实际上让她活蹦乱跳了好几个月。它们消除了她一切的痛楚与软弱，给予她一种积极快乐的生活，让她能向她为之提供帮助的人带来非同寻常的益处。

没有人能够预知，心灵治疗运动会拓展其影响到多遥远的地方，或者它要经历怎样的理智改变。这是一场宗教运动，对于理性批评者来说，它当然越出了他们规定的界限，就像我们可能在这里假定的那样。

因此，我对我的主题做了一个较为宽泛的归纳，它看起来挺有效的。大体而言，人类个体通常生活在距离自己极限很遥远的地方；他拥有各种他通常无法使用的力量。他消耗的能量低于最大值，他付诸的行动低于最佳值。在基本能力方面，在合作协调方面，在力量的压抑与控制方面，在每一个可设想的方面，他的生活都被压缩得像一个歇斯底里病患所见到的一般——但他比后者更少辩解的借口，因为可怜的歇斯底里病患是生病了，而我们其他人只是陷在一种根深蒂固的习惯之中——这是一种无法通达完整自我的习惯——这是不好的习惯。

以这种较为含混的方式，每个人都会承认我的论点是正确的。这些说法也需要含混。因为虽然每个女人所生的人都知道拥有活力生动的语气、高涨的精神、温和柔顺的脾性、精力充沛的生活、轻松的工作、果断的决定、这些说法是什么意思，但如果被要求以科学的心理学术语来解释这些说法的意义，我们只得借助于我们的拿手好戏。我们可以绘制出一些简单幼稚的精神物理学图表，仅此而已。“能量”概念在物理学中有着完美的定义。它与“工作”概念相关。但是，尽管我们的生活不可能不谈到它们，但精神工作和道德工作是几乎不可能被分析的术语，它们毫无疑问意味着多种完全不同的基础构成物。我们的肌肉工作是一个庞杂的物理数值，但我们的观念和意志却是瞬间的力量释放。在这里，我们通过“工作”指的是用更高种类的控制器替代更低种类的。更高和更低在这里是质性的术语，不能立刻被转化为量化术语，除非它们确实被证明指向更新颖或更古老的大脑组织形式，除非更新颖的形式被证明处在大脑皮层更加表层的位置，而更古老的形式被证明处于更深层的位置。如你们所知，有些解剖学家自认为证明了这一点，但很明显，直观和流行的看法认为，精神工作在我们生活中是基础的和绝对不可或缺的，但这些看法都不具备科学性看法所应有的那种清晰度。

那么，这是我们研究中出现的第一个问题：是否我们中的任何一个人能对精神工作和精神能量的概念进行改进，以便后来能够对“更温和的道德口吻”或“使用更高层次的力量和意志”的含义进行一些明确的分析？我想我们可能需要等待很长时间才能朝着这个方向前进。这个问题极为常见。人们并不明白，为什么仅仅是操作电设备和转筒，就在今天让心理学变得科学了。

我在佛罗伦萨的朋友，实用主义者 G. 帕皮尼（G. Papini）[①] 采用了一种新的哲学概念。他称之为最广泛意义上的行动准则，即对所有人类力量和手段进行研究（其中，后者不管以何种样貌出现，都是第一层级的真理）。从这个角度来看，哲学是实用的，可理解的，旧有的逻辑、形而上学、物理学和伦理学学科是哲学自身的附属门类。

在这里，在遇到第一个问题之后，我认为还有另外两个问题。我相信这两个问题形成了一个工作计划，值得同今天这里的听众一样勤奋好学、认真严谨的人的关注，实际上，这也是决定我选择这个主题的原因，

① G. 帕皮尼（G. Papini），意大利记者、散文家、小说家、诗人、文学评论家、哲学家。他是 20 世纪初、中期颇具争议的文学家，是意大利实用主义最早、最热情的代表和推动者。（译者注）

是在刚刚过去的时间里拖着你们浏览了这么多颇为熟悉之事实的原因。

这两个问题中的第一个问题是我们的力量边界问题，第二个问题是释放它们或者获得它们的方法问题。我们应该以某种方式在每个可以想象的方向上对人的力量的边界进行地形学调查，就像一名眼科医生获得关于人类视野边界的图表；然后，我们应该构建一个关于通达路径或者关键节点的系统目录，不同种类的力量要根据不同类型的个体有所区分。这将是一项绝对具体的研究，主要通过使用历史材料和传记材料进行。力量的边界必须是在实际人员中已具体呈现的边界，并且必须在个人生活中举例说明释放力量储备的各种方式。实验室实验只能起到一小部分作用。除了催眠，你们的心理学家说的“从这里开始尝试”（Versuchsthier）永远不会像生命中的紧急状况将对人产生的压迫那样，以极端的方式激发出一个人的能量。

所以这是一个具体的个人心理学计划，在某种程度上对任何人都有效。它充满了有趣的事实，并指向在重要性上比我们知道的一切都更突出的实际问题。因此，我想敦促你们考虑这一点。在某种形式上，我们都以一种或多或少盲目和琐碎的方式对其展开工作；然而，在帕皮尼提到它之前，我从来没有想过它，或者听过任何人提到它，就像我现在所建议的程序之一般形式那样，一种得到合适关切的程序可以覆盖整个心理学领域，也可能会以独特的视角展示其中的一部分内容。

正是对这个问题的概括在我看来有强烈的吸引力，我希望在你们人中间，有人可以了解这个概念，从而释放我们正在探究的、尚未使用的力量储备。

人的力量[①]

每个人都知道如何开始一项工作，无论是脑力的还是体力的，这并不让人觉得新鲜；或者，正如一位阿第伦德克族导游告诉我的那样，是让人觉得古老的事。而且，每个人都知道如何为他的工作“热身”。在那种被认为是“恢复活力”的现象中，热身过程尤其引人瞩目。在通常情况下，我们一旦进入第一个实际的疲乏层（姑且这么叫它），我们立刻就会做一种停止工作的行为。我们会去散散步，玩一玩或者干够了就歇一歇。这种疲劳程度是我们日常生活中非常有效的障碍。但是，假如有一种非同寻常的必要性迫使我们继续前进，就会发生令人惊奇的事情。我们越来越疲劳，以至到了某个临界点，然后慢慢地或者渐渐地，这种疲劳感过去了，我们感到比之前更加充满活力。我们明显地到达了一个新的能量层次，直到通常的疲劳障碍重新覆盖其上。这些经验层次之间可能是相互叠加的。随后可能是第三次和第四次的“恢复活力”。人们的精神活动和身体活动一样，也呈现出这种现象，在我们可以发现的例外情况中，我们在极端的疲劳困顿之后，甚至找到了我们自己做梦都没有想到会拥有的安逸与力量，这是通常根本就没有利用到的力量源泉，因为一般来说我们并没有被逼到要去突破障碍，我们也没有突破早先那些

① 《人的力量》，刊载于《美国杂志》（*American Magazine*），1907年11月第65期，第57~65页。

临界点。

很多年来，我一直在思考恢复活力现象，想要找到一种生理学理论来解释它。很明显，我们的有机体有一些通常没有被要求使用但却可以被要求使用的储备能量：深之又深的易燃物或易爆物能量层，它们的分布是不连续的，但对任何探测到这个深度的人而言，都是现成可用的。和表层一样，它们也可以通过休息而得到恢复。我们大多数人并不一定要一直贴着表层生活。我们的能量预算类似于我们的营养预算。生理学家说，当一个人日复一日既不变胖也不变瘦的时候，他处于一种"营养均衡"状态。但奇怪的是，人们可以通过摄入不同数量的食物来达到这种均衡状态。假定一个人处于营养均衡状态，然后他系统性地增加或者减少他的食物供给量，那么，在增加的情况下，他将开始增重，而在减少的情况下，他将开始减重。第一天的时候，变化是最大的，第二天会小一点，第三天会更小，如此下去，直到他增重到了这种食物摄取量所能到达的最大值，或者减重到了这种食物摄取量所能达到的最小值。此时，他又处于营养均衡状态，只是现在他有了一个新的体重；由于他身体的各种消耗过程已经适应了改变的摄取量，他此时既没有增加也没有减少自身的体重。他以这样或那样的方式按天计算消耗他摄入的氮、碳、氢等元素。

就像一个人能够处于我所谓的"效率－均衡"（当人达到这种均衡状态，他既不会获得也不会失去力量），无论从哪个方面衡量，数量上有重大差异的工作也是可以达到这种"效率－均衡"的。这些可以是体力工作、脑力工作、道德工作或是精神工作。

当然，还有一些限制：树木不会真的高耸入云。但清晰的事实是，全世界拥有能量的那些人中，只有极少数人能将其发挥到极致。但这些将其能量发挥到极致的人，可能在很多种情况下，每天亦步亦趋，只要能够保持良好的健康状态，绝不产生任何坏的"反应"。这种人的能量利用率更高，但这并不会损害他自己；因为有机体会进行自适应，一旦能量的浪费比提高，能量相应的修复比也会提高。

我说的是修复比而不是修复的时间。最忙碌的人并不比懒汉需要更多的休息时间。几年前，爱荷华州立大学的帕特里克教授（Professor

Patrick）让三个年轻人四天四夜不睡觉。当他完成对他们的观察时，观察对象被允许去睡一觉。几个睡了之后醒来的人完全恢复了，其中有一个人从漫长的不眠不休中恢复过来花费了最多的时间，但也只是比他平时习惯的休息时间多了三分之一。

如果我的读者能结合如下两个概念——第一，很少有人在生活之中最大限度地消耗自己的能量，以及第二，任何人都可以以不同的能量消耗率中维持生命力上的均衡——那么，我想，他会发现，有一个非常现实的国民经济学问题和个人伦理问题展现在他面前。较为粗略地，我们可以说，一个以低于正常来说最大化的方式消耗能量的人，也会因为没有充分从他生命的各种机遇中获益，而陷入失败；而一个国家如果充斥着这样的人，那它自然比不过一个总是在高压下努力工作的人组成的国家。然而，问题是，人如何能被训练得可以最大限度地发挥自己的能量？国家又如何让它的子民最便利地获得这种训练？毕竟，这只是一个以略微不同术语阐述的，一般性的教育问题。

我刚刚说，“较为粗略地”，是因为“能量”和“最大化”这些词很容易让读者只是想到数量，而在衡量我所说的人类能量时，质量和数量都需要考虑到。每个人都觉得，当他到达一个更高质量的生活层次时，他总体的力量提升了。

书写要高于散步，思考要高于书写，决定要高于思考，做出“不”的决定要高于“是”的决定，至少，那个从这类活动转到另一些活动的人，经常会说，每种情况中后者总是比前者包含了更大量的内部工作，即使在后者那里，总体的热量消耗或者有机体的功耗可能要更小。从生理学上去理解这种内部工作，做到这一点还不太可能，但在心理学上，我们已经知道这个说法指的是什么。我们需要一种特殊的刺激或者努力来开始我们的内部工作，因为它让我们感到疲乏，难以为继；但当持续了很长一段时间之后，我们知道要停下来其实很容易。因而，当我说到“能量消耗”，其比率、层次和来源时，我指的不仅是外部工作，也包括内部工作。

诸如举起最大重量的问题，进行最大限度运动的问题，或者任何其他形式的搅动问题，可能只指向一些以不协调方式进行的仓促行动。然而，尽管说内部工作往往强化外部工作，却经常意味着停止这些仓促行动。放松，告诉自己（在“新思想家们”看来）“停下来！保持安静”有时候是内部工作的巨大成果。当我们从一般意义上谈人的能量消耗时，读者必须由此将其领会为行动的总和，即某些外部的和内部的、某些机体的和情绪的、某些道德的、某些精神的行动总和，不管是什么时候，读者对这些发生在自己身上的行动的消长变化总是一清二楚。如何使这活动保持在一个明显的最大值上？如何使水平不至于跌落下降？这是个大问题。但男男女女的工作数量不可计数，如我们所说，每一种工作都由一种特殊的能力进行推进；因而这个大问题就分成两个子问题：

（1）人的能力在各个不同方向上的界限何在？

（2）在不同类型的人身上，哪些不同的手段可以让能力被激发出来，进而导向最佳的结果？

从某个方面看，这两个问题对人们而言，都平常而又熟悉；在某种意义上，这两个问题是我们一出生就不停在问的问题。不过，作为一项科学研究的系统纲要，我怀疑它们并没有得到认真对待。倘若对这两个问题做全面系统的回答，那么所有的心灵科学和行动科学都可以归结为这两个问题。下面我将用一种通俗的方式来让读者注意到它们。

在这项事业上，大家都同意的第一点是，作为一条规则，人们习惯于只使用他们所拥有的，以及在恰当情况下可以使用的力量的一小部分。

每一个人都多多少少熟悉在不同日子中自己的情感现象。在通常的日子里，人们总是知道，在自己身上潜伏着能量，这些能量没有被那时的刺激所唤醒，但如果刺激再强烈一点，它们是可能显现出来的。我们中的大多数人都感到，似乎有一片云笼罩在我们头上，使我们无法达到最清晰的洞察，最确定的推理，最坚定的决断。与我们应当有的状态相比，我们只是半睡半醒。我们的火花被浇灭，生命气流被阻遏。我们只是利用了一小部分我们可能的脑力和体力资源。在有些人那里，这种正当资源被剥夺的感受极其强烈，如许多医学书籍所描述的，此时我们就患上了可怕的神经衰弱和精神衰弱症，生命陷入了一种不可能性的巨网之中。

因此，大体而言，人类个体通常生活在距离自己极限很遥远的地方；他拥有各种他通常无法使用的力量。他消耗的能量低于最大值，他采取的行动低于最佳状态。在基本能力方面，在合作协调方面，在力量的压抑与控制方面，在每一个可设想的方面，他的生活都被压缩得像一个歇斯底里病患所见到的一般——但他比后者更少辩解的借口，因为可怜的歇斯底里病患是生病了，而我们其他人只是陷在一种根深蒂固的习惯之中——这是一种无法通达完整自我的习惯——这是不好的习惯。

那么，承认这些就是承认，无法通达完整自我的指责对于某些人而言比另一些人更合适；因此，接下来一个实际的问题就是：那些更好的人对于逃避应当负什么责任？当所有人在消耗能量的变化之中都感受到波动，而波动范围时有提升，出现这些提升的原因是什么？

一般来说，答案非常明晰：

要么是因为某些非同寻常的刺激使它们情绪激动，要么是某些非同寻常的必然性观念诱导他们在意志上付出额外的努力。刺激，观念，努力，一句话，就是那带领我们跨越障碍的东西。

在那些慢性虚弱症经常带来的“神经过敏”状况中，障碍已经改变了自己的正常位置。最轻微的机能练习也带来了一种让病人屈服与放弃的苦恼。在诸如“习惯性神经症”的病例中，在“恐吓疗法”之后，在医生迫使病人去展开努力之后（这大大违背了病人的意志），结果是产生了一系列的新力量。首先出现的是极端的苦恼，然后是出人意料的解脱。看起来毫无疑问的是，我们每个人在某种程度上都是习惯性神经症的受害者。我们也不得不承认，存在更广阔的力量范围，以及实际上狭窄的应用范围。我们的生活受制于各种程度的疲劳，而这出自我们的习惯。我们大多数人都可以学学如何将障碍推得更远一点，同时在高得多的力量层次上过一种完善且舒适的生活。

作为一个阶层，农村人和城市人说明了这种差别。快速的生活节奏，一个小时之内做决定的次数，需要考虑的大量事情，在一个大城市中男人与女人的生活，对于一个农村人而言，看起来显得荒谬怪异。他完全不知道我们会如何生活，让他在纽约或芝加哥呆上一天，他就会充满恐惧。城市的危险与嘈杂让城市看起来如同陷入持久的地震一样。但是，如果我们让他在城市里呆上个一年半载，他就会把握城市生活的脉搏。他会跟上城市的节奏，无论他是做什么的，只要在自己的行业中获得成功，他就会在整日整日的匆忙紧张中寻找乐趣，他会跟上我们所有人的步伐。在城市中，他每个星期从自己身上收获的东西与他在农村每十个星期收获的一样多。

在这里，对那些成功回应并承受转变的人而言，其刺激物就是责任，是作为榜样的他人，群体的压力和感同身受。而且，转变是一件长期的事：新的能量层变成永久性的。新职位的责任在被委任者身上持续地产生这种效果。当某种刺激物让这些受刺激的人的肌肉越发紧缩时，生理学家就称之为“动力因子”（dynamogenic）；但产生作用的可能是道德上的动力因子，也可能是肉体上的动力因子。在今日美国，我们正在见证，一个非常显赫的政治职位如何作为动力因子对人的能量发生作用，而这个人在得到职位之前就已经呈现出满满的能量了。

较为谦卑者的例子也许可以更好地说明，责任的要求对于那被选中的人而言到底会带来哪些长期效应。约翰·斯图亚特·密尔在某个地方说，女人在保持持续道德激情的能力方面要优于男人。每一个由妻子或母亲照料的病患例子都证明了这一点。人们在哪里还能找到比成千上万穷苦人家还更能体现持续忍耐力的例子呢——在这些家庭中，妇女成功地凝聚家庭，她们操持一切，做所有的工作（照看孩子，教导孩子，做饭洗衣，缝补浆洗，精打细算，帮助邻居，出门打零工；这些事哪里罗列得完？）来维系家庭。如果她现在稍有抱怨，谁又能责难于她呢？但她们恰恰相反，她们总是让孩子们干净整洁，让男人心情愉快，宽厚待人，团结社区。

八十年前，有位叫蒙提翁（Montyon）[①] 的人给法兰西学院捐了一笔钱，设立了一个小奖项，奖励当年的“美德”模范。学院委员会极其有品位地展示了他们对美德中淳朴、隽永特征的偏爱胜过美德中间歇性、戏剧性的特征；被表彰的作为模范的家庭主妇品格高洁，令人钦佩。在

① 法国科学院和法兰西学院每年颁发的一系列奖项。这些奖项由法国慈善家蒙提翁男爵（173—1820）捐赠。（译者注）

保罗·布尔热（Paul Bourget）[1]的年度报告中我们发现有许多事例都是如此。以下就是一个典型：珍妮·凯克斯，家里六个孩子中最大的那个，她母亲精神错乱，父亲长期患病。除了在纸箱厂工作的工资之外，珍妮没有其他收入，但她还是操持家务，抚育弟妹，成功地维系了这个八口之家——不仅是物质上维系着，而且在道德上也维系着家庭。在这些法国事例中，有些人除了要承担家庭的重担之外，还要向外人慷慨施舍，抑或是收养走投无路的亲属，无论老幼。她们似乎有无穷的能量，可以满足每一种诉求。这些事例的细节太多了，这里无法一一道来。但是，人类响应责任召唤的天性，在哪里都不会比在这些家庭生活中谦卑的女英雄身上体现得更崇高了。

如果从人类本性中能量储备的问题上将缓慢持久的证据转向更急促激烈的证据，我们就会发现，带领我们越过通常有效之障碍的刺激物，大多数是那些经典的情感刺激物：爱、愤怒、群体性情绪蔓延或绝望。绝望可以压垮大多数人，也能彻底唤醒另一些人。每一次的围困进攻、海难遇险或者极地探险都会造就某个让全体同伴士气高涨的英雄。去年在法国的加里勒斯发生了一起可怕的煤矿爆炸事故。我没记错的话，总共挖出了200具尸体。在挖掘工作进行20天后，营救者听到了一个声音。“我在这儿。”第一个被挖出的人说。他是一名叫内梅的矿工，曾在黑暗中领导另外13个人，组织他们，鼓舞他们，并把他们活着带了出来。这些人刚刚被带到地面时，几乎没有一个能看、能说、能走。5天之后，人们又意外地挖出了一个有着不同类型生命忍耐力的人，他叫贝尔东，在地底陪伴他的只有死去的同伴，但他却能睡着消耗大部分的时间。

处于一种新的责任位置往往会表明，人能够成为比设想的要强大得多的创造物。克伦威尔（Cromwell）和格兰特（Grant）的职业生涯是战争如何让一个人站立起来的现成案例。我非常感谢我的同事诺顿教授允许我刊印一封来自贝尔德·史密斯上校的书信的一部分，这封信写于1857年对德里的六周围困之后，是关于这位出色的军官所判定的胜利之

---

① 保罗·布尔热（Paul Bourget），法国小说家和评论家。（译者注）

中首先要感谢什么的内容。他写道：

“……我可怜的妻子有理由认为，当她找到她的丈夫时，战争和疾病几乎让她的丈夫不能再被很好地照料了。营地的一次坏血病袭击使我的嘴巴溃疡，我浑身的关节都松动了，我的身体满是溃疡和斑点，这让我看起来丑陋不堪。

“一颗炸弹在我面前爆炸开来，弹片击中我的踝骨，这只是一个小伤口，本来完全可以忽略不计，但却在急迫情形和我的不断使唤中不被当回事，情况变得越来越坏，直到踝关节下面的整只脚都黑了，看起来还有变成坏疽的危险。但在有人接替我之前，不管有没有坏疽的可能，我还是坚持使用这只脚，尽管有时候痛苦难以仍受，我还是一直咬牙直到最后。攻击开始后第二天，我又不幸在一个很硬的地方摔倒了，有那么一两天的时间我都在怀疑是不是手肘以下的胳膊都摔断了。幸运的是最后发现只是一次严重的扭伤，但我还是感受到它给我带来的痛苦。为了让这份‘愉快的’清单完美无瑕，我还被持续的腹泻折磨得疲惫不堪，我消耗了大量的鸦片，这些鸦片的数量简直可以让我的岳父脸上有光。不过，感谢上帝，我很大程度上是个塔普利主义者，可以坚强地面对困难。我认为我可以充满自豪地说，即使当我们前景最黯淡时，也没有人看到我丧失理智或者听到我哇哇乱叫。我们不幸地被霍乱蹂躏，而且我震惊地发现，27 名军官中我可以召集起来发动进攻的只有 15 人。然而，我们还是发动了攻击，而在攻击之后，我们陷入了崩溃。当我告诉你围城时的真实情景时，请别害怕，实际上在前不久我几乎一直都靠白兰地活着。我对食物没有胃口，但我强迫自己吃下能够维持我生命的东西，我持续渴求畅饮白兰地，因为它是我能够得到的最强烈的刺激物。说起来很奇怪，我完全没有意识到哪怕在最轻微的程度上它对我有什么影响。工作如此令人兴奋，以至于几乎没有什么可以阻挠到它，我发现我生命之中从未有如此清醒的理智和强大的神经。只有我那可怜的身体才是虚弱的，而当我们这些正在完全控制德里的主宰者完成真正的工作之后，我瞬间就崩溃了，我发现如果我想要活下去的话，我不能继续过过去那种帮助我坚持到危机结束的生活。当一切结束，对刺激物的欲望在一瞬间似乎又回来了，而一种对近来成为我生活支撑物的厌倦牢牢抓住了我。”

这些经历表明，在兴奋情绪之下，有时候，我们的有机体进行其生理学工作方式的改变是多么深刻。当必须使用储备能量时，修复过程变得不同，人们可以数周甚至数月更大力度地使用储备。

病态，无论在哪里，都会将正常的机制揭露出来。在莫顿·普林斯博士（Dr. Morton Prince）[1]的第一期《变态心理学杂志》（*Journal of Abnormal Psychology*）中，雅内博士讨论了五个病态冲动的例子，其解释对我目前的观点来说非常重要。第一个人是整天吃、吃、吃的女孩；第二个人是整天走、走、走的女孩，从陪同她的一辆汽车中获取食物；第三个人是酗酒狂；第四个人喜欢拔她自己的头发；第五个人伤害她自己的身体，烧伤自己的皮肤。迄今为止，这些反常的冲动已经有自己的希腊名称［如贪食症（bulimia）、行走癖（dromomania）等］，并在科学上被当作"偶发性遗传变异综合征"。但事实证明，雅内的案例中都是他所谓的神经衰弱症，或者慢性感觉虚弱症、感觉麻木症、感觉迟钝症、感觉疲劳症、感觉缺乏症、感觉空幻症、感觉虚假症，和意志无力感的患者；而且，所有这些人进行的活动虽然无益，但都能临时带来提升特殊活力感受的效果，这会让病人感到重新活过来一次。这些东西就是用来恢复活力的，它们会让我们恢复活力，不过碰巧的是，对于每一个病人而言，他们所选择的古怪行为乃是唯一使他们恢复活力的途径，这就让他们处于病态之中。治疗这些人的方法，是为他们找到一种更有效的、启动他们生命能量储备的办法。

贝尔德·史密斯上校需要利用超长的能量储备，他发现白兰地和鸦片是唯一启动它们的办法。

这类例子在人之中是很典型的。某种程度上，我们都是被压抑和不自由的。我们并不是自给自足的。有些东西就在那里，但我们没有掌握它。阈值必定要有所浮动。然后我们之中的很多人会发现，某种古怪行为——比如说"狂欢"——起到了缓解作用。不管道德学家和医生怎么说，对某些人来说毫无疑问的是，狂欢和几乎每一种过度的行为，至少

---

[1] 莫顿·亨利·普林斯(Morton Henry Prince，1854年12月22日—1929年8月31日)是美国医生，专攻神经病学和异常心理学，是将心理学确立为一门临床和学术学科的主导力量。（译者注）

某些时候暂时具有医疗的作用。

可是，当正常的工作任务和生活刺激无法让一个人深层次的能量随时可用，他因而需要明显有害的刺激时，他的体质就在不正常的边缘了。深而又深能量层的正常开发者是意志。困难在于使用意志；在于做出意志这个词暗示的那种努力。如果我们确实这么做了（或者如果有个神，仅仅是命运之神的偶然安排而在这里让我们达成了这种努力），它就会以引发动力的方式对我们产生一个月的作用。众所周知，一种道德意志的成功发动，比如说对习惯性的诱惑说“不”，或者做出某种勇敢的行为，会让一个人几天，几周的能量值都处于一个较高的水准上，而这将给予他一种新的力量。那个人告诉我，“在打开我带回家并准备大醉一场的威士忌瓶塞的过程中”，“我忽然发现自己跑到花园里，我把酒打碎在了地上，这么做之后，我感到如此开心和升华，接下来有两个月我没有被诱惑去碰一滴酒”。

由日常情境引发的情感和兴奋情绪是对意志的一般刺激。但这些行动往往是不连续的，在没有这些行动的间隙，低层次的生命倾向于将我们团团围住，切断我们与外界的关联。因此，在认知人类灵魂方面最实际的智者发明了著名的系统性苦行方法，以便我们随时都能接触到那个更深的层次。从容易做的工作开始，然后转到较难的工作上，日复一日地练习，我相信，大家都会认可说，苦行主义的门徒可以触及自由与意志力量的极高层次。

依纳爵・罗耀拉的精神训练办法肯定在无数信徒身上产生了这种效果。但是最严肃，最令人尊敬，其效果获得最大量实验证实的苦行方法，毫无疑问是印度的瑜伽方法。从远古时代开始，印度追求完美的人就通过哈他瑜伽、王者瑜伽、业力瑜伽，或其他可能的任何一种实践准则，成年累月地训练自己。他们宣称的结果，以及许多公正评判者证实了的确定事例表明，锻炼者的品格增强了，能力提升了，灵魂也更坚定了。我这里所说的主要是我一月份刚刚发表在《哲学评论》（*Philosophical Review*）上的一篇文章的内容。在那里，我大段引述了我一位才华横溢的朋友关于“哈他瑜伽”的经验。他连续好几个月都采取瑜伽的办法，速食速眠，做呼吸和集中注意力的练习，做姿势古怪的体操训练，这看起来成功地唤醒了他身上深而又深的意志层，唤醒了道德和理智的力量，而且，也让他摆脱了大脑中极其危险的循环状态，好多年来他都忍受着这种威胁产生的痛苦。

在他开始瑜伽练习十四个月之后，我的朋友给我写了信，从信中可以判断，我的朋友毫无疑问获得了某种意义上的重生。他不动声色地承受了身体上的磨砺，在地中海游轮上到达了第三层，在非洲火车上到达了第四层，与最贫穷的阿拉伯人一起生活并分享他们那些他不习惯的食物，所有这些都是平静地完成的。他之前对某些利益的投入已经给他加上了重负，对我而言，没有什么比他说明情况时道德基调的改变更令人瞩目了。与那些早期的信件相比，这些信件看起来好像是由不同的人写的，耐心、理性替代了激烈，自我认同感替代了专横。他精神机器的运行已经发生了深刻的改变。传动装置变化了，和过去相比不一样的是，他的意志现在可以通达了。我的朋友是个脾气古怪的人。我们中很少有人会下定决心开始进行瑜伽训练，因为一旦训练开始，它似乎就需要我们唤醒自己身上进一步的意志力。并不是所有从事瑜伽训练的人都可以得到相同的结果。印度人自己也承认，在一些人身上不用召唤就可以得到这些结果。我的朋友写信给我说："你完全正确的是，宗教危机、爱情危机、愤怒危机，可能会在很短的时间内唤醒力量，就像多年耐心瑜伽练习所达到的那样。"

可能大多数医学认识会将这个个人的事例看作是现在很流行的被称为"自我暗示"或"预先关注"的诸种事例中的一个——似乎这些说法很有解释力，或者包含了比如下事实要多的内容：这些事实是，特定的人可能被某些种类的观念影响，而其他人可能不会被影响。这让我想要去谈一谈被看作用以释放个人力量中原先不被使用的、储备中的那些动力因或刺激物。

观念的一个现实情况是，它有自己的对立面，而且阻止我们去相信它。因此否定第一个观念的观念本身可能会被第三个观念所否定，而第一个观念可能会重新获得对我们信仰的影响并决定我们的行为。因此，我们的哲学和宗教发展是通过轻易相信、否定和否定之否定来实现的。

但是，不管是为了唤醒还是终止信仰，观念可能都不太有效，就像是一条线路，有时候是有电的，有时候是没电的。在这里，我们无法看清原因，只能一般性地标出结果。通常而言，一个观念是否是一个生动有用的观念，与其说取决于观念自身，不如说取决于思想中已经有这个观念的那个人。哪个观念对这个人有启发，而哪个观念又对另一个人有启发？

弗莱彻先生的门徒靠着不断咀嚼、反复咀嚼、拼命咀嚼食物的观念（和事实）使自己获得新生。杜威博士的学生靠不吃早饭（这是一个事实，但也是一个禁欲观念）来使自己获得新生。并非每个人都能利用这些观念获得同样的成功。

但是，除了人在感受性上不同之外，人作为人倾向于被观念激发这件事却是共通的。就像某些对象可以自然地唤起爱、怒意或贪婪一样，某些特定的观念也自然可以唤起忠诚、勇气、忍耐、奉献的能量。当这些观念在一个人的生活中起作用时，它们的效果一般来说确实很显著。它们会改变人们的生活，由于这些观念，人会释放原先只是有想法，但却根本没有发生作用的无穷力量。“祖国”“联邦”“神圣教会”“门罗主义”“真理”“科学”“自由”，加里波第的名言“无罗马毋宁死”等，都是抽象观念释放能量的例证。这些说法的社会本质是其具有动态力量的根本原因。它们是特定情形中的制动力量，在这些情形中，没有其他力量可以产生相同的效果，而且，每种说法只有在特殊的人群中才能够成为那种制动力量。

回忆之前给出的誓言或誓约，将会激励一个人做之前不可能的节制行为和其他努力：看看禁酒历史上的那些“誓言”吧。仅仅是对自己情人的允诺就可以彻底净化一个年轻人的生活，至少暂时是这样的。要产生这样的效果，需要一种受过训练的敏感性。例如，一个人的“荣誉”观念，只有在受过所谓绅士教育的情况下，才可能释放出能量。

可爱的皮克勒–穆斯考亲王从英国写信给他的妻子说，他发明了“一种人为的方案来应对难以处理的事情”，“我的方案，”他说：“是这样的——我异常严肃地以我的荣誉向我自己保证，去做什么，或者不去做什么，做这个或做那个。在使用这种权宜手段时，我当然非常谨慎……但是当我做出保证，即使之后我认为我决定得过于仓促或者犯了过错，我还是坚持事情完全不可更易，不管我将预见到结果会有多麻烦……如果我可以在这样审慎的思考后依然违背自己的诺言，我会失去对自己的尊重——通情达理的人恐怕宁愿去死也不愿陷入这种境况吧？……当这一神秘的公式被宣布，为了我自己灵魂的福祉，就算我的想法改变了（而这几乎是不可能的），我也不会改变我的意志……我发现有些东西特别令人满足，在思想中，人们利用意志的力量，就能用非常平常的材料建造出思想的护盾和武器，这个过程中不需要任何别的什么东西，只是需要人的意志的力量，因此，意志真正配得上无所不能这个称号。"[1]

转变，不管是政治的、科学的、哲学的或是宗教的，都构成了将被束缚的能量释放出来的另一种形式。这些转变起到统合作用，并终止了古老的精神冲突。最后的结果是自由，并且经常会大大增强力量。一个人的信念倘若因此而沉淀下来，总是构成对他意志的一种挑战。但是，为了让特殊的挑战能够产生作用，他必须是一个合适的"面对挑战者"。在宗教转变中，我们调整得非常好，以至于观念在真正产生效果之前，可能已经在"面对挑战者"的心中存在好多年了。不过，为什么这些会被认为极不明确，以至于宗教上的转变被认为是恩典的奇迹，而非自然发生之事？无论如何，这都可能是能量处于高水平的一个标志，此时，之前不可能的"否定"变得轻而易举，一系列崭新的"肯定"正大行其道。

我们现在正好见证了观念带来的一种非常丰富的能量释放，这种释放体现在那些皈依"新思想""基督教科学""形而上学治疗"或其他形式的精神科学的人身上，这些人今天遍布我们四周。这里的观念是健康和乐观的；很明显一股宗教活动的潮流正席卷美洲大地，这股潮流在某些方面非常像早期基督教、佛教和伊斯兰教的传播。这些乐观信念的共同特征是，它们都倾向于抑制霍勒斯·弗莱彻先生所说的"忧思"。弗莱彻将"忧思"定义为"自卑的自我暗示"；因此，我们可以说，这些系统都是由于力量的暗示才运转起来。力量，无论大小，都会以各种形式出现在个人身

---

① 出自《在英格兰、爱尔兰和法国旅行》（*Tour in England，Ireland，and France*，Philadelphia，1833，p.435）。

上——正如他们将要告诉你的，力量并不“在乎”那些经常给自己增添烦恼的东西，力量乃是为了专注于自己的精神、好心情与好脾性——委婉一点说，总体而言，这里有让我们的道德上更坚定，更灵活的力量。

我所知道的真正圣洁的人，是我认识的一位正忍受乳腺癌的朋友。我希望她可以原谅我在这里举她的例子说明观念能做到什么。在她被诊断应不抱希望地躺到床上之后，她的观念实际上让她活蹦乱跳了好几个月。它们消除了她一切的痛楚与软弱，给予她一种积极快乐的生活，让她能向她为之提供帮助的人带来非同寻常的益处。她的医生们默认了他们无法理解的结果，并善意满满地让她自行其是。

没有人能够预知，心灵治疗运动会拓展其影响到多遥远的地方，或者它要经历怎样的理智改变。这是本质上一场宗教运动，对于受过学术训练的心灵来说，这场运动的表述索然无味，而且十分荒唐。它也激起了医疗政客和该职业联合会天然的敌意。但是，不带偏见的观察者不会不认识到，在今天它作为一种社会现象的重要性，而且，医疗界中那些更高层次的人已经试图公正地解释它，并将其力量用于他们自己的治疗目的。

英国西赖丁疯人院的托马斯·希斯洛普博士去年对英国医学会说，他的医疗实践已经表明，最好的催眠手段是祈祷。他补充说（很抱歉我只能根据记忆来进行引述）：我纯粹是作为一名医务工作人员才这么说的。对于那些习惯进行祈祷行为的人来说，祈祷必须被我们医生看作是所有抚慰心灵、平息紧张情绪中最充分、最正常的手段。

但是，在我们之中很少有不被个人的其他职能所束缚的。我想，相对来说，较少医务人员和科学家会去祷告。很少有人可以与“上帝”进行任何生活的交易。然而，如果这些重要的能量消耗形式，不是被我们成长于其中的持批评态度的环境所封闭，我们中的许多人都会清楚地意识到，我们的生活本该多么自由和积极。在我们每个人身上都有各种形式的潜在活动，这些活动实际上都没有被充分利用。因此，我们依赖其展开工作的生命力有着些许不完美之处，这就很好解释了。我们心灵的一部分抑制了，甚至是摧毁了其他部分。

良心使我们全都变成了胆小鬼。社会习俗不让我们像萧伯纳的男女主人公那样实话实说。我们都知道有些作为卓越典范的人，却有着极端庸俗的心灵。关键是，他们在智力上令人尊重，以至于我们好像不能完全这么说，不能让我们的想法对他们发挥作用，甚至不能提到它们的存在。我已经在那些被理性抑制的，我最亲爱的朋友之中做了编号，这些人我可以很高兴地，与他们自由地谈论我的一些特殊兴趣，谈论一些特定的作家，比如萧伯纳、切斯特顿、爱德华·卡彭特、H.G. 威尔斯，但其实这不会发生，因为这让他们很不舒服，他们不会参加，而我必须保持沉默。因此，文字和礼仪所凝结的智慧，给人留下同样的印象，一个身体强壮的人会习惯于只使用手指来做他的工作，让他的其他器官禁锢起来，不加以利用。

我相信，我上面所说的足以让读者相信我的观点的真实与重要。有两个问题，第一是我们力量的可能限度；第二是在形形色色的人身上接近这一限度的各种可能途径，解锁这一限度的各种钥匙。这两个问题是个人与国民教育问题的关键所在。我们需要一张关于人类能力限度的地形学图表，这类似于在视力问题上眼科医生使用的图表。我们也需要通过研究各种不同类型的人，如何以不同的方式要求并释放他们的能量储备。在这里，各种传记和个人经验都可以用作证据。

战争的道德等价物①

反对战争的斗争不是假期旅行或露营派对。人们的军事情绪根深蒂固，要在我们的理想中放弃这些情绪，除非有更好的替代品出现，而不能仅仅依赖那些它给国家带来的光荣和耻辱，以及在政治的各个方面，在贸易的起伏变化中给个人带来的光荣和耻辱。现代人与战争的关系中存在着一些非常矛盾的东西。问问我们数百万南方人和北方人，他们现在是否会投票（假如可能的话）支持将我们为联邦所进行的战争从历史中抹去，或者用和平过渡到当前时代的方式来替代那些行军与战斗，可能几乎不会有什么稀奇古怪的人会同意吧。那些先人、那些努力、那些记忆和传说，是我们现在拥有的最完美的一部分东西，和那些四溅的血腥相比，这更是一份神圣的精神财产。然后，问同样的那些人，他们是否愿意冷血地开始另一场内战，以获得另一种类似的财产——没有一个男人或女人会投票支持这个提议。在现代人眼中，战争可能是珍贵的，但不因为其理想的收获就被认为是珍贵的。只有在迫在眉睫时，只有当敌人的不公正让我们别无选择时，战争才是被允许的。

在古代并非如此。早先人类都是猎人，他们甚至狩猎邻近的部族，杀死男人，抢劫村庄并占有女人，这被认为是最有利可图的，也是最令

① 《战争的道德等价物》，刊载于《国际调解》（*International Conciliation*）1910 年第 27 期。

人兴奋的生活方式。因此，更军事化的部族就被自然选择而存活下来，在首领和部族平民心中，纯粹的好斗和对荣誉的热爱与更为根本的掠夺欲望交织在一起。

现代战争代价如此高昂，以至于我们觉得其实贸易是一个更好的掠夺途径；但现代人继承了他祖先的天生好斗和对荣耀的热爱，显示战争的非理性和恐怖对他没有任何影响。恐怖令人着迷。战争是一种炽热的生活，一种极端的生活。正如所有国家的预算所显示的，战争税是唯一一种人们毫不犹豫就会支付的税收。

历史鲜血淋漓。《伊利亚特》就是关于狄奥墨得斯和埃阿斯、萨尔佩冬和赫克托尔如何被杀的长篇吟诵。他们所造成的创伤，没有一个细节能逃过我们的眼睛，而希腊精神确实从这里吸取了很多养分。希腊历史的总体图景就是为了战争之故而进行沙文主义和帝国主义战斗，所有的公民都是战士。这是一种可怕的阅读——因为它不合理的目的，即，为了制造出“历史”——这种历史就是为了文明的彻底毁灭，而这种文明在理智上可能是地球上人们见过的最高峰。

有些战争纯属海盗行为。骄傲、黄金、女人、奴隶、刺激是他们唯一的动机。例如，在伯罗奔尼撒战争中，雅典人要求还保持中立的米洛斯居民（就是那个发现了“米洛斯的维纳斯”的岛屿）承认雅典的统治权。特使们见了面，并进行了辩论，而修昔底德对辩论做了完整的记录，辩论的形式也非常符合马修·阿诺德（Matthew Arnold）[1] 对形式的要求。雅典人说：“力量让人予取予求，而脆弱让人不得不做”；而当米诺斯人说：“与其成为奴隶，不如向神祈祷”时，雅典人回答说：“凭着我们所信仰的神和我们所知道的人，有一条自然法则要遵守，能够统治的地方就进行统治。这个法则不是我们制定的，我们也不是第一次实施这个法则的人；我们承袭了它……而且我们知道，你们和你们的人民如果和我们一样强大，也会像我们这样做。关于神就说这么多。我们已经告诉你们为什么要听取神的好建议，我们和你们站在同样的立场上，做同样的事情。”不过，米洛斯人还是拒绝投降，他们的城邦被攻克了。修昔底德平静地说：“雅典

① 马修·阿诺德（Matthew Arnold，1822 年 12 月 24 日—1888 年 4 月 15 日）是英国诗人和文化评论家。（译者注）

人，处死了所有到达参军年龄的人，让女人和孩子成为奴隶。之后他们对岛屿进行了殖民，从对岸派来了五百名定居者。”

亚历山大的生涯充满了纯粹的海盗行径，是一场权力和掠夺的狂欢，而英雄的品性让这一切浪漫化了。他的行为之中并没有合理的原则，当他去世时，他的将军和执政官们就开始互相攻击。那个时代的残酷是令人难以置信的。当罗马最终征服希腊，罗马参议院告诉保卢斯·埃米利乌斯（Paulus Aemilius）[1]将伊庇鲁斯古老的王国奖赏给他的士兵们以报答他们的辛劳。他们洗劫了七十个城市，并带走十五万居民作为奴隶。他们杀了多少人我不知道，但是在埃托利亚，他们杀死了所有的参议员，数量为五百五十人。布鲁图斯是他们所有人中最高贵的罗马人，但为了在腓立比之战前鼓舞他的士兵，他答应，只要他们赢得战斗，他保证给他们斯巴达和塞萨洛尼卡这些城市进行蹂躏。

这就是那些让社会保持凝聚力的血腥护卫者。我们继承了战争品格，就人类充斥的大多数与英雄主义相关的能力而言，我们必须感谢这一残酷的历史。死人没有讲述故事，而如果有一些部落不是这种类型的人所构成的，那他们不会留下任何幸存者。我们的祖先在我们的骨髓之中注入了这种好战品性，数千年的和平时光也不会让它从我们身上消失。大众的想象力在战争想法方面非常丰富。舆论一旦达到一定的战斗声势，任何统治者都无法与之抗衡。在布尔战争中，两国政府一开始都在虚张声势；但他们无法一直那样——军事对峙对他们来说太过严重了。在1898年，人们在每份报纸上都读到的“战争”这个词，比起其他词，如果按字母堆起来，“战争”总会高上三英寸。温和的政治家麦金莱被人们的战争热情扫到一边，我们与西班牙的肮脏战争成为必然。

在今天，文明人的看法是一种奇怪的心理上的混合。人们的军事本能和理想与以往一样强烈，但他们面临反思性批评，这些批评严重限制了他们古老的自由。无数作家正在揭示军事服务的兽性一面。单纯的战

① 保卢斯·埃米利乌斯（Paulus Aemilius，约公元前229—公元前160年）是罗马共和国的两任执政官，也是一位著名的将军，他在第三次马其顿战争中征服了马其顿，结束了安提戈涅王朝。（译者注）

利品与征服似乎不再是道德上可接受的动机，必须找到战争的借口并将它们单独归咎于敌人。英国和我们，我们的陆军和海军当局重复强调的是，武力只是为了“和平”；德国和日本才是执意掠夺战利品与荣誉的那一方。今天，军事部门口中的“和平”等同于“预期的战争”。这个词变成一种纯粹的挑衅，没有一个真正期望和平的政府会愿意让它在报纸上出现。最新的词典当然会说，“和平”与“战争”是一回事，它们现在同声共气。甚至可以合理地断言，各个国家准备战争时竞争激烈的备战工作，才是真正的战争，持久不断；而战斗不过是一种对“和平”时期所获军事掌控力的公开检验。

很明显，在这个问题上，文明人已形成了一种双重人格。如果我们审视欧洲国家，就会发现，他们之中没有一个会认为，证明战争一定会带来巨大破坏力（它们围绕着战争）具有合理性这一点，符合自己的正当权益。看起来，人们的共同感受和理性应当找到一种方式，在每一冲突中就各自真正的利益达成共识。我自己可能会觉得，尽可能地去信任国际间的理性，对于我们自己是个额外的负担。但就目前情况而言，我发现，将和平的一方与战争的一方拉到一起是如此困难重重。我相信，困难的地方在于，在和平主义的规划中，有一些特定的缺陷，会让军事主义者浮想联翩，甚至在某种程度上，可以用来合理地反对和平主义本身。在整个讨论过程中，双方都立足于想象和感觉的基础上。这不过是用一个乌托邦反对另一个乌托邦，每一方的说法都一定是抽象和虚构的。基于这些批评和警示，我将试着抽象地勾勒出与之相反的想象力量，并指出就我自己非常不可靠的想法而言，哪一种看起来是最好的乌托邦设定，哪一条是最有希望的和解之路。

尽管我是一个和平主义者，但在我的评述中，我不会谈论战争制度兽性的一面（很多作家已经非常公正地做到了这点），我只考虑军事主义情绪中更高层面的问题。没有人认为爱国主义是丢脸的，也没有人会否认，战争是历史的浪漫传奇时刻；但野心勃勃是所有爱国主义的灵魂，而暴力死亡的可能性则是所有浪漫主义的灵魂。军事上的爱国与传奇浪漫的心，尤其对职业军事阶层而言，会令其拒绝承认，战争可能只是社会进化过程中的一个暂时现象。他们说，胆小鬼们的天堂这样的观念会阻碍我们更高层次的想象。如果那样，生命的陡峭阶梯又存于何处？他们认为，如果战争停止了，我们应当重启它，好将生命从平庸的堕落中拯救出来。今天，所有通过反思为战争做辩护的人都虔诚地对待它。对他们来说，这是一种圣礼，对被征服者和征服者来说，它都有好处；我们还被告知，如果不涉及利益问题，那战争是一种纯粹的善，因为它让人性最具活力。战争的"恐怖"只是为了将我们从唯一可选择的，充斥着店员与教师的世界，充斥着男女同校与动物爱好者的世界，充斥着"消费者联盟"与"合作慈善组织"的世界，充斥着无底线工业化和不知羞耻的女性主义的世界中救赎出来而支付的低廉代价。再也没有轻蔑，没有冷酷，没有勇猛，可以尽情唾弃这个尽是牧羊场的星球！

在我看来，就这种感觉的核心本质而言，心思正常的人总是会在某种程度上有这些念头。军事主义是我们坚韧理想的伟大保护者，而缺乏坚韧的人生将是可鄙的。如果勇敢者没有风险或奖励，历史将会平淡无味；而且还有一种军事品格，即每个人都认为种族永远不会停止繁殖，因为每个人都对种族的优越性感同身受。人们有责任让这种军事品格延续下去，就算不是利用这种品格，也要让它们作为自身的目的而存在，作为完美人生的纯粹构成部分而存在。这是人类的职责，保持军事品性——如果不使用它们，保留它们，然后作为自己的目的和自身中纯然完美的部分——这样罗斯福式的脆弱和阴柔的结局，就不能让其他的东西都在自然层面上消失。

我认为，这种自然的感觉形式，是军旅题材作品最内在的灵魂。我不知道有什么其他例外的情形，那里军事主义作者对其主题会有一种非常神秘的看法，认为战争是生物学或社会学上的必需，不受日常心理审视与动机的影响。当时机成熟时，战争必定会来，无论战争是有理由的还是无理由的，因为辩护的说辞总是一如既往的虚伪。简而言之，战争是人类一项永恒的义务。荷马·李将军（General Homer Lea）[1] 在他最近出版的《无知之勇》（*The Valor of Ignorance*）一书中，将自己直接确定在这个立场上。国家的本质对他而言就是备战，而战争的能力也是衡量

① 荷马·李将军(Homer Lea，1876年11月17日—1912年11月1日）是美国冒险家、作家和地缘政治战略家。（译者注）

国家健康的最高标准。

李将军说，国家决不会固定不变——它们必须根据自己是生气勃勃还是垂垂老矣进行扩张或收缩。日本现在达到顶点；根据所讨论的必然法则，如果当真远见非凡，日本的政治家们早就应该制定一项庞大的征战政策——这场战斗的第一步是她与中国和俄国的战争，以及她与英国的协约，最后的目标则是对菲律宾、夏威夷岛、阿拉斯加以及我们的赛拉山口以西海岸的占领。这将给予日本不可逃避的、作为一个国家的使命，即，迫使她宣称要占有整个太平洋；要反抗这些深入的侵犯，按照作者的说法，我们美国人却除了自负、无知、商业主义、腐败和我们的女性主义，什么都没准备。李将军简要在技术上比较了我们现在可以用来反抗日本的军事力量，得出结论认为，各个岛屿、阿拉斯加、俄勒冈和南加利福尼亚可能没有抵抗就会沦陷，旧金山在日本侵入两周之后必定投降，战争会持续三到四个月，我们的合众国将失去她之前没有认真给予充分保护的东西，她将会“瓦解”，直到出现某个恺撒将我们重新凝聚为一个国家。

真是令人沮丧的预测！不过，如果日本政治家有历史上常有的恺撒型心态，那么这并非不可能，李将军所能想到的其实完全就是这种恺撒心态。毕竟，没有理由认为女性不会再孕育拿破仑或亚历山大大帝类型性格的下一代；如果这些性格的人出现在日本并找到他们的机会，那么，像《无知之勇》描述的奇异前景就在默默等待着我们。由于我们仍然对日本人内心深处的想法完全无知，不考虑这样的可能性可能是愚蠢的。

其他军事主义者在考虑时更复杂，更富道德感。S. R. 施泰因梅茨（S.R.Steinmetz）[①] 的《战争的哲学》（*Die Philosophie des Krieges*）就是一个很好的例子。根据这位作者的说法，国家间的战争是上帝制造的一场考验，上帝平衡这些国家。它是国家的基本形式，也是国家的唯一功能，在战争中，各国国民可以立刻凝聚全力。而除非凝聚所有的优点，否则胜利是不可能的；失败注定是因为一些弱点或缺陷。忠诚、凝聚力、坚韧、英雄主义、良心、教育、创造力、经济、财富、身体健

① 塞巴尔德·鲁道夫·施泰因梅茨（Sebald Rudolf Steinmetz，1862 年 12 月 6 日—1940 年 12 月 5 日）是荷兰民族学家、社会学家。（译者注）

康和活力——当上帝进行审判时，当他让人民相互争斗时，没有一个道德或者智力上的优点不说明这些东西。世界历史就是最后的审判（Die Weltgeschichte ist das Weltgericht），斯坦梅茨博士并不认为从长远来看，机会和运气在分配胜利方面起任何作用。

必须注意的是，普遍流行的美德无论如何都是美德，优势在和平时期和在军事竞争时期是一样的；但是在后一种情况下，无穷紧迫的张力，会让战争彻头彻尾地成为一场审判。根据这位作者的说法，没有任何磨难可以与其进行的拣选甄别相比。它可怕的冲击是将人凝聚于集体国家之中，只有在这样的国家中，人的本性才可能充分发挥其能力。与之相对的，唯一的替代选项是“堕落”。

斯坦梅茨博士是一位严肃认真的思想家，他的书虽然不长，但考虑的问题却很多。在我看来，它的结论可以概括为西蒙·帕藤（Simon Patten）[①]的话，即人类在痛苦和恐惧中孕育成长，对那些没有经受抵抗力（抵抗那些分裂带来的影响）训练的人而言，走向“快乐－经济”可能是致命的。如果我们说到从恐怖政治中逃离出来时的这个“恐惧”，我们就是用如下一种说法来说明军事主义态度：以指向我们自身的恐惧替代了古代对敌人的恐惧。

当我想要将恐惧转入内心时，看起来它总是导向两种想象中的不情愿，一个是审美的，另一个是道德的。首先，不情愿面对一个军事生活及许多吸引人的要素将永不可能的将来，人们的命运不能再被各种力量快速、令人震惊、悲剧性地决定的将来；其次，不情愿看到人类拼搏的最高舞台关闭，人类灿烂辉煌的军事才能注定寂然无声，不能在行动中展示自身。在我看来，这些持续的不情愿，并不比人们在美学和伦理上的坚持要弱，也必须被倾听和尊重。仅仅靠反驳战争的昂贵和恐怖是不能有效地满足这些要求的。恐怖令人胆寒，而当这是一个从人性中获得最极端和最崇高之物的问题时，讨论代价就显得有些可耻了。这些单纯否定性的批评有明显的弱点，军事主义的支持者是不可能转化为和平主义者的。军事主义支持者既不拒斥兽性，也不拒斥恐惧和代价。它只是

① 西蒙·尼尔森·帕藤（Simon Nelson Patten，1852 年 5 月 1 日—1922 年 7 月 24 日）是一位经济学家，也是宾夕法尼亚大学沃顿商学院的院长。（译者注）

说，这些东西仅仅说了一半的事实。它只说战争值这些东西，但将人性作为一个整体考量，战争是我们保护自我，对抗那个更虚弱、更怯懦的自己的最好方式，而且，人们也承当不起采用一种和平－经济方式的代价。

和平主义者应该深入了解对手的美学和伦理学观点。J. J. 查普曼（J.J.Chapman）[①]说，在任何争论中首先做到这一点，然后继续下去，你的对手将跟随你的步伐。只要反军事主义者不能给出某种替代战争训诫功能的东西，不能给出战争道德上的等价物，就像人们可能会说的，没有给出作为热功当量的“战争的道德等价物”，那么他们就无法明白那种情形的全部本质。一般来说，他们确实失败了。他们所描绘的乌托邦中的责任、惩罚与制裁过于脆弱与松散，完全跟不上军事支持者的想法。托尔斯泰的和平主义是唯一的例外，因为它对世界上一切价值都深感悲观，人们对神的恐惧为这种和平主义提供了在其他地方由对敌人的恐惧所带来的道德上的刺激。但我们社会主义的和平支持者完全相信这个世界的价值，并用其取代对神和对敌人的恐惧，他们认可的唯一恐惧是对人们如果懒散就会贫穷的恐惧。这种缺陷弥漫于所有我所熟悉的社会主义著作中。即使在洛伊斯·狄金森（Lowes Dickinson）[②]优美的对话[③]中，要克服人们对令人反感之劳动的厌恶情绪，唯一能够使用的力量就是高工资和短工时。同时，人们很大程度上依然像过去那样，生活在一种痛苦且恐惧的经济模式下——我们之中那些生活在闲适经济模式下的人只是在风暴海洋中的一座孤岛上——当前乌托邦文学的整体氛围对人而言是枯燥乏味的，而这些人同时依然感到生活越来越苦涩。事实上，这说明了人们无处不在的自卑感。

自卑总是与我们在一起，而对这种自卑的无情蔑视是军人脾性的基调。“猎犬们，你们会永远活着吗？”弗雷德里克大帝喊道。“是的，”我

---

① 约翰·杰·查普曼（John Jay Chapman，1862年3月2日—1933年11月4日），美国作家。（译者注）

② 戈德沃斯·洛伊斯·狄金森（Lowes Dickinson，1862年8月6日—1932年8月3日），人称戈尔迪，是英国政治学家和哲学家。（译者注）

③《正义与自由》（*Justice and Liberty*，N. Y.，1909）。

们的乌托邦公民说，“让我们永远活着，逐渐提高我们的水平。”我们今天的“低下者”最好的东西是，他们像指甲一样坚韧，身体和道德上几乎都不敏感。乌托邦主义会使他们变得软弱和娇气，而军事主义会保持冷酷无情，并将其变成一种值得赞赏的特征，这些特征是“服务”所需要的，而柔弱和娇气将在低下者的怀疑中被重新评估。当一个人知道主宰他的集体服务需要那些品性时，他的所有品质都会获得尊严。如果对集体感到自豪，他自己的骄傲也会相应增加；没有一个集体能像一支军队一样滋养这种骄傲。不得不承认，在无数可敬的人心中，太平洋世界性工业主义能够激发的唯一情绪，就是对一种属于一个集体的想法感到羞耻。很明显，到今天为止，美国一直像李将军所说的给人这样一种看法，在美国，太多的人悲切号啕了。不管是对我们自己，还是对他人而言，尖锐与险峻何在？对命运的藐视何在？简单粗暴的“是”与“不”的回答何在？无条件的义务何在？征兵制度何在？血－税何在？人们通过隶属之而感到光荣的那些东西何在？

在准备阶段说了这么多，通过说服我不属于的那一方，我现在坦陈我自己的乌托邦。我虔诚地相信和平的最终统治以及某种社会主义的均衡会逐渐出现。战争功能的宿命论观点对我来说是无稽之谈，因为我知道，战争的出现是有着明确动机的，并且需要审慎检查与理性批评，就像任何其他形式的事业一样。当整个国家都是军队，而毁灭性科学与创造性科学在理智升华方面展开竞争时，我看到战争就其自身的残暴而言正变得荒谬和不可能。放纵的野心必须被合理的主张所替代，国家必须共同努力反对战争。我看不出有什么理由不把这一点同时运用于黄种人的国家和白种人的国家，我希望将来有一天，战争行为将在文明人群中被正式宣布为非法。

我的所有这些信念正好将我归入反军事主义一派。但我并不认为和平应该或者将会永存在地球上，除非以和平方式组织起来的国家保留一些旧有的军事纪律要素。长期成功的和平－经济不可能仅仅是一种快乐－经济。人类看起来正在朝有着社会主义色彩的未来发展，我们依旧必须以集体的方式受制于那些严肃的问题，在这个只是部分友好舒适的世界上，这些问题才是我们的真实处境。我们必须创造新能量和新勇气来维系我们的刚毅，这些是军事思想坚定依赖的东西。军事美德必须予以巩固——无所畏惧、藐视软弱、放弃私人利益、服从命令，必须仍旧是建立国家的基石。除非我们希望，针对危险的、对抗联邦的行为，恰当的反应只能是蔑视；实际上，只要在邻近的任何地方，战争的野心得到一个具体集中的体现，它就极易遭到攻击。

在确定及重申军事美德这件事上，支持战争的一派肯定是对的，尽管它一开始就是通过战争在竞争中获得的，这些美德是永恒和绝对的人类善。毕竟，军事形式中的爱国自豪感与雄心壮志只是一种更普遍、更持久的竞争激情的具体要求。它们是其第一种形式，但没有理由认为它们就是最终的形式。人们现在为自己属于一个攻无不克的国家而骄傲，他们毫无怨言地出人出钱，似乎这样做了他们就可以不再委曲求全。但谁能确定，有了充足的时间、良好的教育和中肯的建议时，人们不会带着类似的骄傲、羞愧情绪考虑一个国家的其他方面呢？为什么人们不会在某一天想到，在任何一种理想的层面上，要隶属于某个上层的集体，是需要付出血-税的？如果囊括他们的集体以其他什么别的方式进行表现时都很邪恶，他们为什么不羞得满脸通红？越来越多的个人现在感受到了这种公民的激情。这是这样的一个问题：在所有人都热血澎湃之前，在旧有的军事荣耀之道德的废墟上，一直煽动火星，直到一个稳定的关于公民荣耀的道德系统自发地确立起来。整个社区开始相信，对个人的控制就是将其牢牢地钳住。战争的运作现在牢牢抓住了我们，但建设事业有一天可能会显得同样需要，它也会让人背上不轻的负担。

让我更具体地说明我的想法。如果仅仅是生活艰难这个事实，那么人们为此愤愤不平就没有道理，他们应该辛勤劳作，承受苦难。确实这个星球的状况曾经对所有人都如此，所以我们能够忍受。但这么多人仅仅因为出身与机遇的偶然因素，就只能去过那种辛劳和苦难的生活，忍受加在他们身上的艰难与卑微，没有闲暇；而另外一些人却天生完全不需要品尝这种竞争生活的滋味——在反思的心灵中，这会让人义愤填膺。可能最终让我们所有人看起来耻辱的是，我们中的一些人没有选择，只能竞争；而其他人却独独享受娇气的闲适。在我看来，如果现在不是进行军事征召，而是征召所有年轻人耗费数年时间组成一支对抗自然的军队，这种不公平会显得正常一点，而联邦也会收获其他的好处。艰苦和纪律的军事理想将锻造人们的生长纤维。除了现在奢侈的阶层，没有人会对人与他所生活之星球的真实关系茫然无知，没有人会对更高级的生活所需要的永恒坚实基础茫然无知。煤炭和铁矿、货运列车、十二月的捕鱼船队、洗碗、洗衣、洗窗、道路和隧道建设、铸造厂和锅炉房、摩天大楼的结构，我们的纨绔子弟会因为他们的选择在这些事务上被剔除出去，他们也可以选择去掉自己身上的幼稚，带着更健康的同情和更清醒的观念重新回到社会。他们将不得不支付他们的“血－税”，从此人类在对抗自然的战斗中扮演自己的角色，他们将更自豪地踏上地球，女人会给予他们更高的评价，让他们成为下一代更好的父亲与老师。

这种征召，以及它所需要的公共舆论状况，它所带来的道德成果，将在太平洋文明中保留男子气概的德性，军事支持者非常害怕看到这些东西在和平时期消失不见。我们应该在尚未麻木不仁时获得坚韧，尽可能不借助犯罪式残忍来获得权威，不因为承担的责任是暂时的，就乐呵呵地去做痛苦的事情，不像现在这样被威胁去贬低一个人生命的剩余部分。我提到过战争的“道德等价物”。到现在为止，战争是唯一可以规训整个社区的力量，直到可以组织一种等价的规程之前，我相信战争定然有其需要。但我也毫不怀疑，社会上人们的日常骄傲与羞愧一旦发展到某个程度，就能像我勾勒的那样组织起这样一种道德等价物，或者让其他人仅仅是有效地保持男子气概。尽管这是一个现在看来无限遥远的乌托邦，但它最终只是一个时间问题，是高超的宣传以及决策者如何抓住历史机遇的问题。

军事类型的品格可以在没有战争的情况下培育。奋发的荣耀与公正无私处处皆是。牧师和医疗人员都以某种方式被教育如此去做，如果我们意识到我们的工作是对国家的义务，我们都会感到某种程度的势在必行。我们应该被占有，正如士兵是军队占有的，而我们的骄傲会相应增加。没有羞耻心，我们就会像现在的军官一样不堪。从此以后唯一需要的，就是激起公民的士气，正如过去的历史已经激起了军人的士气那样。

“在许多方面，”H. G. 威尔斯（H. G. Wells）说，“军事组织都是最和平的活动团体。当今天的人们从充满虚伪广告的喧闹街头离开，从急迫、掺假、低价倾轧和时断时续的工作中离开，进入操练场，他就步入了一个更高的社会平台，进入了一种充斥着服务与合作，有着无穷多更高尚竞争的氛围中。在这里，至少人们不会因为手上没有即刻需要做的事情，而放弃自己的事业，陷入堕落。他们被提携、打磨、训练，以便提供更好的服务。在这里，人至少被认为可以通过忘却自我而不是自私自利来赢得自我提升。"[①] 营房生活虽然不好，但它却与古人的秉性非常契合，因而威尔斯强调它有更高层面的东西。威尔斯补充说[②]，他认为秩序和纪律的概念、服务与奉献的传统、身体健康、充分的努力和普遍的责任，这些一般的军事义务现在正教导着欧洲国家，即使最终人类的军火被用作庆祝和平的烟花，它们依然是人类的财富。我和他一样相信这点。能够让荣誉理想和效率标准作用于英国人或美国人本性的唯一力量，是对被德国人或日本人杀害的恐惧，这么说纯粹是荒谬的。恐惧非常强大，但它不是军事狂热主义者相信且试图让我们相信的迄今为止唤醒人们更高层次精神力量的唯一刺激物。我的乌托邦所假定的，在公共意见上的差异，远不及在刚果追捕斯坦利党的黑人战士高喊着他们食人族战争口号"肉！肉！"时所思所想与文明国家"普通工作人员"所思所想之间的差异。历史已经表明了后一种隔阂是可以弥合的，而前一种隔阂其实更容易弥合。

---

①《首要与最后之事》(*First and Last Things*, 1908, p.215)。

② 同上，第 226 页。